Mietz/Ippen · Tropische Meeresfische

Christian Mietz/ Wolfgang Ippen

Tropische Meeresfische

Ein Bestimmungsbuch für Taucher und Schnorchler

Mit einem Vorwort von
Prof. Dr. Irenäus Eibl-Eibesfeldt

Naturbuch Verlag

Das Titelbild zeigt einen Schwarm Goldstreifenschnapper, *Lutjanus kasmira.* Sie dulden Taucher in unmittelbarer Nähe.

Die Deutsche Bibliothek – CIP-Einheitsaufnahme

Tropische Meeresfische : ein Bestimmungsbuch für Taucher und Schnorchler/Christian Mietz; Wolfgang Ippen. Mit einem Vorw. von Irenäus Eibl-Eibesfeldt. – 2., erw. Aufl. – Augsburg : Naturbuch-Verl., 1993
ISBN 3-89440-077-3
NE: Mietz, Christian; Ippen, Wolfgang

Naturbuch Verlag

Umschlaggestaltung: Peter Engel, Grünwald
Umschlagphoto: Christian Mietz
Zeichnungen: Wolfgang Ippen
Repro: Fotolito Longo, Bozen
Satz: 10/11p. Garamond von Appl, Wemding
Gesamtherstellung: Appl, Wemding
Printed in Germany

ISBN 3-89440-077-3

Vorwort

Als Hans Hass vor nunmehr 50 Jahren die ersten Unterwasseraufnahmen von Korallen und Fischen veröffentlichte, dachte wohl kaum einer, daß diese bunte Welt einmal touristisch erschlossen würde. Heute gibt es in aller Welt Basen für Sporttaucher in Verbindung mit neuen Hotels. Die schönsten Korallenriffe unserer Erde, wie jene der Malediven, wurden damit für jedermann zugänglich. Allein die Gärten aus Stein mit ihrer Vielfalt von Kleinlebewesen sind sensationell! Dazu aber kommt noch der Reichtum an Fischen verschiedener Art, deren jede sich auf eine andere Lebensweise spezialisierte, so daß sie, wie verschiedene Berufe, nebeneinander existieren können.

Auf der zweiten Xarifa-Expedition sammelten wir in den Riffen der Malediven über 400 Arten von Knochenfischen. – Und das auf dem engen Raum der oberen Küstenzone vom Ufer bis in 40 m Tiefe, einer Strecke, die man in wenigen Minuten durchschwimmen kann. Es gibt keinen anderen Lebensraum in dieser Welt, in dem so viele Arten einer Wirbeltierklasse nebeneinander leben. Nirgendwo auf unserer schönen Erde könnte man an einem Ort in einer halben Stunde hundert verschiedene Vogelarten beobachten. Bei einem Tauchgang im Riff kann einer dagegen durchaus über hundert Fischarten zu Gesicht bekommen. Und viele davon in großer Zahl. Die Fülle ist geradezu verwirrend!

Wer durch ein Riff schwimmt, möchte jedoch in der Regel mehr als nur ein buntes Gewimmel wahrnehmen. Wir wollen wissen, wie diese Fische leben, wozu sie bunt sind und wie sie heißen. Wir wollen Einblick in ihr Leben gewinnen, auf Besonderheiten ihres Verhaltens hingewiesen werden und schließlich selbst beobachten. Dazu bedarf es einer Unterweisung.

Sie wird in diesem Buch in vorbildlicher Weise geliefert! Der besondere Reiz des Werkes: Die Fische werden in farbigen Lebendaufnahmen vorgestellt, die Taucher in den Riffen machten. Mit 255 Arten sind die wesentlichsten Fische, die ein Taucher oder Schnorchler zu Gesicht bekommen kann, erfaßt. In den Beschreibungen erfährt man auch das wichtigste zur Biologie der jeweiligen Arten.

Hans Hass drang in seinen Jugendjahren als Jäger und Unterwasserphotograph in die damals an Fischen so reichen Meeresabgründe vor. Als er sah, wie schnell sich mit der Entwicklung der Jagdtechnik in den letzten Jahrzehnten einst blühende Korallenriffe entvölkerten, wandelte er sich vom Unterwasserjäger zum Unterwasserheger. Sein Aufruf gegen die mechanischen Unterwasserharpunen wird mittlerweile von den meisten Tauchverbänden befolgt. Die Zeiten sind vorbei, in denen Unterwasserrowdies »sportlich« darum wetteiferten, wer in einer bestimmten Zeit die meisten Fische erjagte. Heute zählt nicht die Anzahl getöteter Fische, sondern die neue Beobachtung, die ungewöhnliche Photographie. Immer mehr Menschen schwimmen offenen Auges durchs Riff, erleben und erfreuen sich an der Schönheit ungestörter Lebensgemeinschaften. Dadurch gewinnen sie Verständnis für biologische Zusammenhänge. Und das brauchen wir mehr denn je in einer Welt, die wir aus mangelnder Kenntnis der Zusammenhänge für uns zunehmend unbewohnbar machen.

Ich wünsche diesem Buch, das an die Natur heranführt und Verständnis für die Harmonie naturgewachsener Lebensgemeinschaften weckt, eine weite Verbreitung!

Prof. Dr. Irenäus Eibl-Eibesfeldt
Leiter der Forschungsstelle Humanethologie
am Max-Planck-Institut, Andechs

Inhalt

Einleitung

Fernreisen und das damit verbundene Abenteuer des Tauchsportes an fast allen Korallenriffen der tropischen Meere haben uns eine neue Welt der Faszination erschlossen. Immer mehr Menschen steigen in Neptun's Reich und schweben lautlos durch die bunte Vielfalt der Unterwasserwelt.

Bei der Arbeit als Tauchlehrer auf verschiedenen Tauchbasen stellten wir fest, daß viele Taucher- und Schnorchelfreunde ein großes Interesse daran haben, mehr über Fischarten bzw. deren Lebensgewohnheiten zu erfahren. Die uns zur Verfügung stehende Literatur, überwiegend aus der eigenen Privatsammlung, ergab meist ein zu spärliches oder widersprüchliches Bild oder sie erschlug uns letztendlich auch aufgrund des Gewichtes. So entstand die Idee zu dem Werk »Tropische Meeresfische«.

Ziel des Buches ist es, die Wiedererkennung von gesehenen Fischen möglich zu machen, sowie Informationen über Verhaltens- und Lebensweisen tropischer Fische zu geben. Es ist als Reisebegleiter gedacht, mit dem man sich einen raschen Überblick verschaffen und Wissenswertes vom Leben unter Wasser erfahren kann, ohne das Reisegepäck zu überlasten.

Aufgrund der ungeheueren Artenvielfalt erhebt dieses Buch selbstverständlich keinen Anspruch auf Vollständigkeit. Es stellt einen repräsentativen Querschnitt von Fischen dar, die dem Taucher unter Wasser begegnen können. Alle Aufnahmen entstanden an Riffen, die von Tauchern erreichbar sind.

Um den Einstieg zu erleichtern, wollen wir unserem

Buch einige Angaben zur Systematik des Aufbaues voranstellen:

Die systematische Einteilung der Fische läßt sich am einfachsten anhand eines Stammbaumes erklären.

Erstellen wir z. B. den Stammbaum für den Blaupunktrochen, bietet sich uns folgendes Bild:

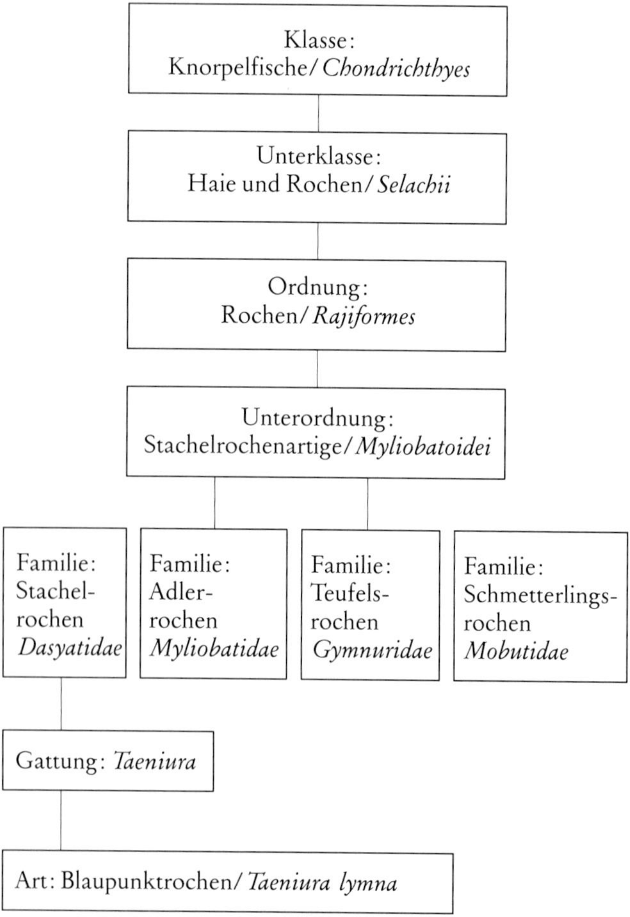

Dabei wurde nach der wissenschaftlichen Systematisierung von Prof. Dr. KLAUSEWITZ vorgegangen. Diese Systematik entspricht der Verwandtschaft der Fische untereinander. Der wissenschaftliche Name einer Art besteht aus zwei Teilen. Der erste Name, der immer mit einem Großbuchstaben anfängt, benennt die Gattung, während der zweite, welcher mit einem Kleinbuchstaben beginnt, die Art kennzeichnet.

In unserem Beispiel ist das:
Taeniura = Gattung, *lymna* = Art.

In diesem Buch ist zunächst eine Einteilung nach Familien vorgenommen worden, in deren Kapitel die Arten dann jeweils nach wissenschaftlichen Namen aufgeführt sind. Wer nicht weiß, zu welcher Familie der von ihm gesuchte Fisch gehört, kann sich anhand des Symbolverzeichnisses, Seite 36, einen Überblick verschaffen. Hier ist stellvertretend für die ganze Familie ein Symbol abgebildet. Die Seitenzahl gibt Aufschluß darüber, in welchem Kapitel die betreffende Familie beschrieben ist.

Beispiel:

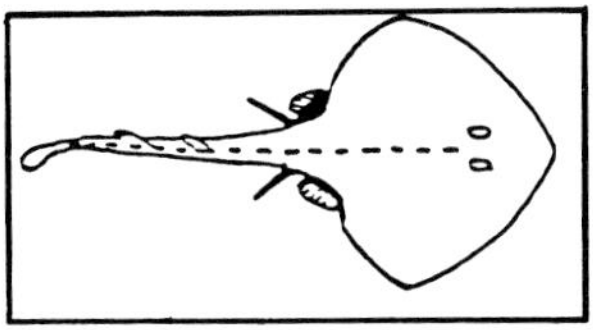

= Rochen .... Seite 52

Weiterhin können Sie an unserem Musterfisch, Seite 34, erkennen, wo die verschiedenen Flossen und die besonders markanten Stellen zu suchen sind.

In den Einzelbeschreibungen werden häufig verschiedene Synonyme einer Art erwähnt. Dahinter steht dann der Name des Entdeckers. Der Grund dafür ist, daß ein und dieselbe Art oft von verschiedenen Wissenschaftlern beschrieben und unterschiedlich benannt wurde. Manchmal ist das auf Verwechslungen zurückzuführen, teilweise aber auch auf mangelnde Kommunikation der Forscher untereinander, was verständlich ist, da bereits im 18. Jahrhundert viele Arten zum ersten Male beschrieben wurden.

Um unnötige Verwirrungen zu vermeiden, ist man heute dazu übergegangen, den Namen, unter dem eine Art als erstes beschrieben wurde, als gültigen Artennamen anzusehen. Wir führen die übrigen Namen zusätzlich mit auf, da, besonders in älterer Literatur, teilweise unterschiedliche Namen verwendet werden. Ebenso führen wir in den Einzelbeschreibungen die englischen Bezeichnungen auf, um eine Kommunikation im Ausland zu ermöglichen. Die englischen Fischnamen sind auch im Anhang alphabetisch geordnet den deutschen Bezeichnungen gegenübergestellt.

Der Lebensraum tropischer Fische

Riffe und Atolle

Wenn ein Taucher das Wort »Tropen« hört, denkt er nicht als erstes an Hitze, Feuchtigkeit und Regenwälder, sondern eher an klares Wasser, Riffe und farbenprächtige Unterwasserbewohner. Tropenfische haben unabhängig davon, ob dieses Riff im Roten Meer, in der Karibik oder im indo-pazifischen Bereich liegt, vom Prinzip her den gleichen Lebensraum.

Normalerweise entstehen Korallenriffe in relativ flachen Gewässern. Kleine Korallenlarven werden von der Strömung hierher gespült und setzen sich auf festem Untergrund ab. Hier bilden sie Kolonien. Der Grundstock zur Riffbildung ist gelegt. Nunmehr wächst parallel zum Uferstreifen ein sogenanntes Saumriff. Die Meeresbrandung, die Strömung und das Sonnenlicht sorgen für weitere Nahrung und Sauerstoff. Die Strömung führt ständig Korallenlarven, Schwämme und andere Mikroorganismen mit sich, die sich niederlassen und nach und nach den Riffsaum erweitern. Mit der Zeit sterben auf der Riffinnenseite die Korallen ab. Übrig bleiben hier nur die widerstandsfähigsten Korallenarten, wie z. B. die Stein- und Hirnkorallen. Auf der Seeseite wächst das Riff jedoch weiter.

Ist das neue Korallenriff hoch genug gewachsen, so entsteht zwischen Riff und Ufersaum eine Lagune.

In diesem Bereich ist das Wasser ungewöhnlich ruhig und überaus warm. Es fehlt die Brandung und daher die Sauerstoffzufuhr, so daß keine weiteren Korallenkolonien entstehen können. So wird dieser Ort ein beliebter Tummelplatz für den Fischnachwuchs. Papageifische beißen die letzten Korallenreste ab und hinterlassen einen feinen Staub, der sich als »Sandboden« absetzt. Forschungen haben ergeben, daß ein ausgewachsener Papageifisch innerhalb eines Jahres bis zu einer Tonne Sand produzieren kann.

Durch das Nachlassen der Sonnenlichtstärke wird in größeren Wassertiefen auch der Korallenbewuchs zusehends spärlicher. Korallen ernähren sich vorzugsweise von blaugrünen Algen. Deren Wachstum wiederum ist sonnenlichtabhängig, so daß selbst im klaren tropischen Meer ab ca. 50 Meter Tiefe der Korallenbewuchs sichtbar zurückgeht. Die Ausnahmen sind vereinzelte Korallen-

Das Riffdach, zwei Kofferfische auf dem Wege in die Lagune, rechts Ostracion cubicus (Gelber Kofferfisch), links Ostracion cyanurus (Blauschwanz-Kofferfisch).

kolonien, die aus über dreihundert Metern Wassertiefe geborgen wurden.

Doch weiter zu unserem Saumriff. Dieses kann im Laufe der Zeit zu einem sogenannten Wall- oder Barriereriff werden, wenn die Insel oder der Küstenstreifen langsam absinkt: Das Riff wächst weiter, und da die Korallen am üppigsten auf der dem Meer zugewandten Seite gedeihen, entsteht bald eine der Küste vorgelagerte Felsbarriere.

Wie die Skizze auf Seite 18 zeigt, weist ein Korallenriff eine Vielzahl von Spalten und Höhlen auf. Hier haben viele Fische ihre bevorzugten Unterschlüpfe und Standplätze. Einige Fischarten haben sich sogar bei der Nahrungssuche auf diese Eigenart ihrer Umgebung eingestellt: Mit einem ausstülpbaren Maul erreichen sie ihre Beute selbst in engsten Spalten und Höhlen.

Die Entstehung eines Atolls ist relativ einfach zu erklären. Man stelle sich eine Insel vor, die von einem Saumriff umgeben ist. Im Laufe der Zeit beginnt die Insel, wie bereits beschrieben, langsam abzusinken. Die Lagune wird breiter, das Saumriff »wächst« weiter zur Seeseite hin. Kanäle entstehen, die den Wasserstand in der Lagune mit den Gezeiten steigen und fallen lassen. Häufig sinkt die Insel vollständig, so daß lediglich ein ringförmiges Saumriff mit einer Lagune zurückbleibt – das Atoll. Der Wasserstand innerhalb eines solchen Atolls ist je nach Größe unterschiedlich, in der Regel jedoch eher niedrig. Manchmal entstehen in dieser Lagune wieder kleine Inseln, auf denen sich dann auch Landbewohner niederlassen können.

Es gibt keine generelle Regel, wo und in welcher Tiefe am Riff sich die Fische gewöhnlich aufhalten. Sicher ist nur, daß sich aufgrund langer Beobachtung herausgestellt hat, daß bestimmte Arten bestimmte Plätze und Tiefen bevorzugen. Man darf aber nie außer acht lassen, daß Fische, die permanent in Kontakt mit Tauchern sind, leicht ihr Verhalten ändern. Dies fällt besonders an den stark betauchten Hausriffen der Touristeninseln auf. Weil dort häufig Fütterungen stattfinden, kann man bei den Fischen neben Verhaltensveränderungen oft auch Standort-Anomalien beobachten.

Das Riff im Querschnitt

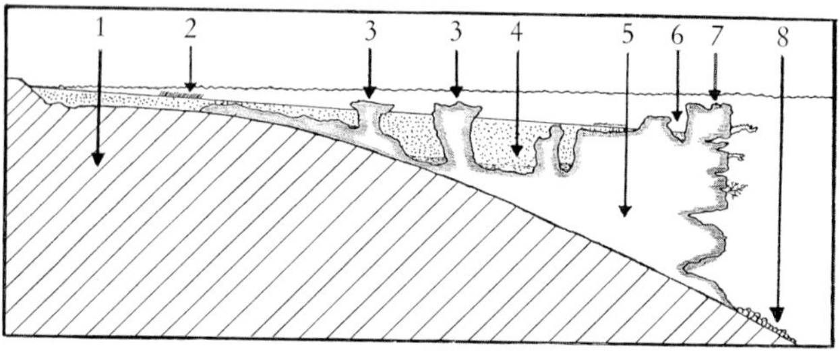

1. Inselsockel
2. Seegraswiese
3. Korallenhorst
4. Sandablagerungen
5. Korallengestein
6. Brunnen
7. Riffkrone
8. Schutthalde

Das Rote Meer

Mit 2200 Kilometern Länge und einer Breite zwischen 250 und 300 Kilometern hat das Rote Meer die Form eines Troges, der an seiner tiefsten Stelle ca. 2600 Meter tief ist. Mit der Westküste grenzt das Rote Meer an das Afrikanische Festland, im Osten an Jordanien, Saudi-Arabien und Jemen. Das Nordende gabelt sich in den Golf von Suez und den Golf von Aqaba. Durch den Südausgang, das Bab-el-Mandeb (zu deutsch: Tor der Tränen) fließt das Rote Meer in den Indischen Ozean. Diese Meerenge ist ca. 27 Kilometer breit und lediglich 150 Meter tief.

Da das Rote Meer von Wüsten umgeben ist, verdunsten hier Unmengen von Wasser und bedingen dadurch eine erhöhte Salzkonzentration. Dies wird begünstigt durch geringe Niederschläge, so daß der Salzgehalt des Wassers bis zu 42 Promille betragen kann.

Der Golf von Suez im Nordwesten und der Golf von Aqaba im Nordosten unterscheiden sich erheblich voneinander. Während der Golf von Suez mit einer Tiefe von 20 bis 50 Metern ein relativ flaches Schelfmeer ist, sind im Golf von Aqaba Verhältnisse wie im Hauptbecken des Roten Meeres anzutreffen. Im Gegensatz zur nordwestlichen Seite finden sich hier auch Rifformationen. Durch windbedingte Zirkulationen des Wassers liegen im Sommer die Wassertemperaturen in diesem Gebiet von der Oberfläche bis in die Tiefe fast gleichmäßig bei 28 Grad Celsius (im Winter ca. 20 Grad).

Das Rote Meer

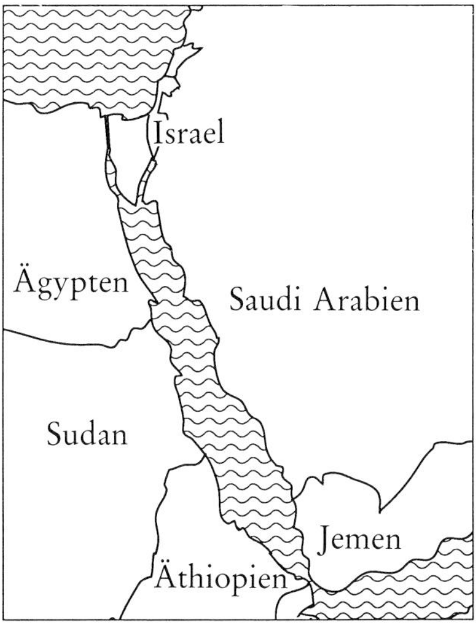

Die größte Konzentration von Korallenriffen befindet sich vor der kleinen ägyptischen Hafenstadt Al Ghardaqa (Hurghada). Die der Küste dicht vorgelagerten Inseln bieten ideale Möglichkeiten für Tauchexkursionen.

Weiter im Süden, in Höhe des Hafens Port Safaga, befindet sich nochmals eine Ansammlung von kleineren unbewohnten Inseln mit faszinierenden Rifformationen. Auch hier findet der Taucher ein Eldorado der Unterwasserwelt. Fast schon legendär sind die Inseln von El Akhawein (Brother Islands). Diese Inselgruppe liegt mitten im Roten Meer und ist lediglich auf Mehr-Tages-Törns zu erreichen.

Wunderschöner und stark ausgeprägter Korallenbewuchs mit einem gewaltigen Fischreichtum zeugt hier von einer intakten Unterwasserwelt.

Der tiefere Süden des Roten Meeres präsentiert uns vor der Küste Sudans ebenfalls sehenswerte Riffe. Klangvolle Namen, wie Dädalus-Reef, Elphinstone Reef oder San-

ganeb, lassen das Herz eines jeden Tauchers höher schlagen. Die Krönung ist jedoch das Bab-el-Mandeb. Hier, wo das Rote Meer und der Indische Ozean zusammenfließen, ist der Fischreichtum unvorstellbar. In diesem Bereich ist das Tauchen aufgrund der instabilen politischen Lage Somalias leider kaum organisiert. Versuche auf eigene Faust Tauchfahrten durchzuführen, scheitern meist an der fehlenden Kooperationsbereitschaft der ansässigen Behörden.

Abschließend bleibt noch anzumerken, daß das Rote Meer schon im 19. Jahrhundert Ziel vieler Forschungsreisender war. Eine Reihe von Fischarten trägt wissenschaftliche Bezeichnungen, die die Erinnerung an die Namen der damaligen Forscher bis heute wachgehalten haben: EHRENBERG, RÜPPELL und KLUNZINGER. Sie alle forschten an der ägyptischen Küste des Roten Meeres.

Die Malediven

Eines der Traumziele, das jeder Taucher »mal gesehen haben sollte«, ist das Inselreich der Malediven. Es liegt ca. 700 Kilometer südwestlich von Sri Lanka. Hier findet der Taucher ein Spiegelbild fast der gesamten Unterwasserwelt des Indopazifik. Mittlerweile ist die Anbindung an Europa durch gut organisierten Fernreisetourismus sichergestellt: es ist längst nicht mehr so kompliziert, wie noch vor einigen Jahren, dorthin zu reisen. Nach nicht mehr als 10 Flugstunden landet man als Europäer auf Hulule. Das ist die Nachbarinsel von Male, der Inselhauptstadt.

Zählt man die Oberfläche sämtlicher Inseln zusammen, so ergibt sich eine Gesamtlandfläche von lediglich knapp 300 Quadratkilometern. Dabei ist die Republik in ihrer Gesamtausdehnung gar nicht einmal klein zu nennen.

Die Malediven

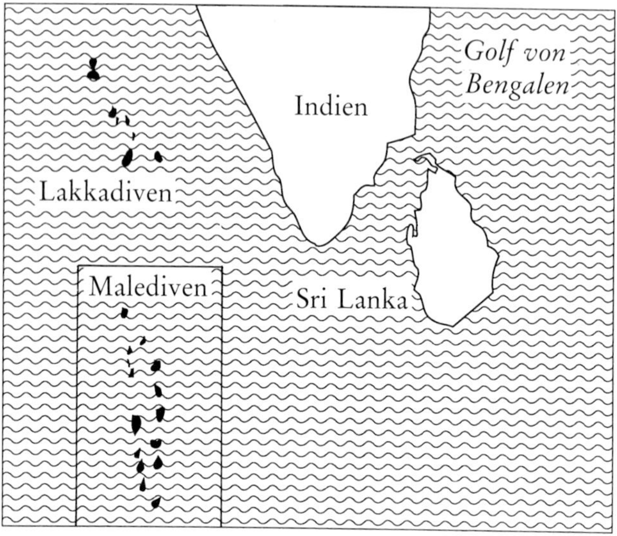

Zwischen dem nördlichsten Punkt und der südlichen Grenze – sie erstreckt sich knapp über den Äquator – liegen ca. 764 Kilometer bei einer Gesamtbreite von 130 Kilometern.

Insgesamt besteht die moslemische Republik der Malediven aus 19 Atollen mit ca. 1200 Inseln. Davon sind ungefähr 200 bewohnt.

Einige unbewohnte Inseln wurden inzwischen für den Tourismus erschlossen. Hier erwartet den Gast alles, was einen Urlaub zum Erlebnis werden läßt: vor allem natürlich eine paradiesische Unterwasserwelt. Diese läßt keinen Zweifel daran aufkommen, daß der Taucher genau hier am richtigen Platz ist.

Auf den meisten Inseln ist das Hausriff ein beliebter Platz zum Entspannen unter Wasser. Durch die lauwarme Lagune gelangt man zur Riffkante. Meist liegt das Riff hier höchstens zwei bis drei Meter unter der Wasseroberfläche, um dann schräg abzufallen. Bereits beim Schnorcheln können interessante Beobachtungen gemacht werden.

Die Bootsausfahrten mit den Dhonis zu den Riffen weiter draußen im Meer bilden jedoch den Höhepunkt. »Tilas« – unterseeische Fleckenriffe – oder »Farus« – langgestreckte Saumriffe – sind so zahlreich vorhanden, daß bei jedem Tauchgang etwas Neues entdeckt werden kann.

Sogar spektakuläre Begegnungen mit Großfischen sind keine Seltenheit.

Die maledivischen Bootscrews sind hilfsbereit und fassen mit an, wenn es darum geht, Tauchgerätschaften an und von Bord zu schaffen.

Ein paar Worte noch zum Tauchen: Grundsätzlich ankern die Tauchboote nicht. Das hat vor allem zwei Gründe. Zum einen wird das Riff geschont, und zum anderen werden aufgrund der vielfach starken Strömung in erster Linie »Drift-Dives«, also Strömungstauchgänge, durchgeführt.

Die Karibik

Die Riffe des Karibischen Meeres zählen mit zur atlantischen Riffregion. Eine Insel- und Riffkette im Nord-Süd-Verlauf trennt das Karibische Meer vom Atlantischen Ozean. Diese Kette beginnt im Norden am Südende Floridas. Den Anfang machen in der Höhe von Miami die Florida-Keys in südwestlicher Richtung. Diese Rifformation besteht aus kleinen und flachen Inseln, welche sich über eine Länge von 220 Kilometer erstrecken. Der seichte Meeresboden ist mit Kalkschlamm und Seegraswiesen überzogen. Intakte und damit lebende Riffe sind weit außerhalb der Keys zu finden. In einem halbmondförmigen Bogen, ungefähr 8 Kilometer von den Inseln entfernt, erstreckt sich hier eine Riffbank parallel zur Inselkette. Auch hier ist das Wasser mit ca. zehn Metern wirklich

Die Karibik

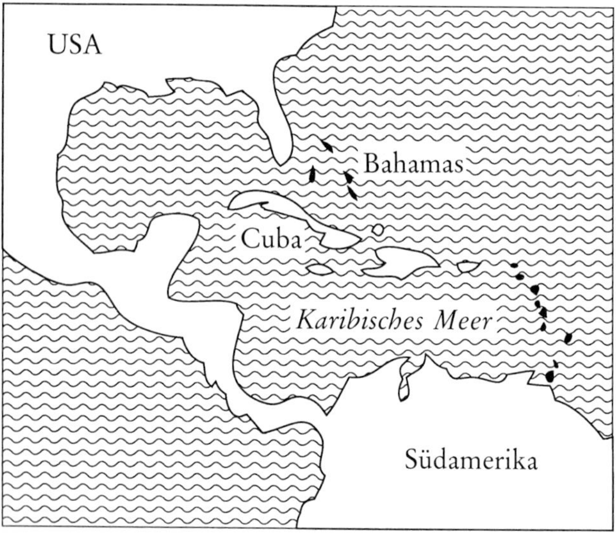

nicht sehr tief! Ein typisches Riffdach sucht man hier vergebens. Daher ist diese Region für den Taucher nicht sehr spannend.

Auf der Ostseite Floridas befindet sich die Bahamabank mit den bekannten Inseln Grand Bahama, Andros, Abacao und Eleuthera. Ähnlich wie vor Florida gibt es auch hier die typischen Korallen-»Cays« – aber nur auf der Atlantikseite. Die Westseite weist lediglich vereinzelte Fleckenriffe auf.

Bereisen wir die Karibische See weiter in südlicher Richtung, so stoßen wir bald auf die Westindischen Inseln, dem Seefahrer auch als »Inseln unter dem Winde« bzw. »Inseln über dem Winde« bekannt. Gemeint sind die Kleinen und die Großen Antillen. Sie grenzen in weitem Bogen die Karibik vom Atlantik ab. Kuba als größte Insel hat auch die ausgedehntesten Riffe vorzuweisen, und

Was das Rote Meer für den europäischen Taucher, ist die Karibik für den amerikanischen.

zwar auf der Nordseite. Doch selbst auf der Südseite gibt es erstaunlich wenig Lücken in der Riffkette. Auf der Nordseite Puerto Ricos dagegen wirbelt der Atlantik in der Brandung so viel Sediment auf, daß sich hier keine Riffe bilden können.

Die Westindischen Inseln, und hier insbesondere die Grenadinen, sind größtenteils vulkanischen Ursprungs. Das bedeutet für den Taucher natürlich ein Unterwasser-Paradies: Höhlen, Steilabfälle und wundervolle Riffe verheißen erlebnisreiche Tauchgänge.

Auf Bonaire, der wohl bekanntesten Insel der Niederländischen Antillen, unternahm Prof. HANS HASS seine ersten Tauchversuche mit Maske und Flossen. Dies war bereits im Jahre 1939. Doch auch heute, 50 Jahre später, haben diese Inseln nichts von ihrem Reiz verloren.

Folgen wir dem Karibischen Bogen entlang der Küste Venezuelas, so finden wir die nächsten ausgeprägten Korallenriffe erst wieder an der Ostküste von Panama. Noch interessanter wird es vor der Halbinsel Yukatan. Hier erstreckt sich ein echtes Barriereriff über 240 Kilometer. Es liegt zwischen 12 und 40 Kilometer vor der Küste von Britisch-Honduras. Hier liegt auch Belize, ein beliebtes und lohnenswertes Reiseziel für den eifrigen Taucher.

Allerdings muß sich, wer die Karibik bereist, darauf einstellen, einer Vielzahl von amerikanischen Tauchern zu begegnen.

Wissenswertes über Fische

Zur Lebensweise

Die Erdoberfläche ist mit 71 Prozent fast zu dreiviertel mit Wasser bedeckt. Dieser als »Schweigende Welt« bezeichnete Lebensraum beherbergt eine unvorstellbare Artenvielfalt und konnte trotz moderner Technologie bis heute nur zu Teilen erforscht werden. Der Lebensraum Wasser ist in allen Tiefen bevölkert. Selbst auf dem Grund des Challengertiefs wurden bei einem U-Bootabstieg auf 11 278 Meter ein Plattfisch und eine Garnele gesichtet. Die meisten Erkenntnisse über das Leben und die Verhaltensweisen der Fische erlangte die Wissenschaft, nachdem Tauchermasken und Preßlufttauchgeräte den unmittelbaren Zugang zur Unterwasserwelt ermöglicht hatten.

Man schätzt heute, daß es etwa 22 000 verschiedene Fischarten in den Weltmeeren gibt. Diese haben sich im Laufe der Entwicklung aus Gründen der Arterhaltung an die unterschiedlichsten Umwelt- und Lebensbedingungen angepaßt. Wenn auch Haie und Rochen, *Selachii,* zu den primitiven Fischarten gezählt werden, so wurde dennoch ihre Existenz mehr als 350 Millionen Jahre zurückverfolgt und seit dem Devon fast keine Formveränderung mehr festgestellt. Sie besitzen im Gegensatz zu den Knochenfischen, *Osteichthyes,* die mit verkalkten Wirbeln ausgestattet sind, eine knorpelige Wirbelsäule sowie fünf bis sieben Kiemenöffnungen hinter dem Kopf. Ihre außerordentliche Überlebensfähigkeit ergibt sich aus einem gut entwickelten Gebiß, dessen Oberkiefer nicht mit dem Kopf verschmolzen ist, durch eine gut geschützte Haut

(Denticel) sowie die durch Knorpelstützen verstärkten Flossen: das macht sie zu schnellen, wendigen Schwimmern und gefürchteten Jägern. Die Knorpelfische befruchten ihre Eier innerlich – sicherlich ein wertvoller Beitrag zur Arterhaltung. Während manche Haie und Rochen lebend gebären, legen andere wiederum wenige große Eier – aber jedes hat eine recht große Überlebenschance.

Die Knochenfische gliedern sich in drei Hauptgruppen, die Strahlenflosser, *Actinopterygii,* die Lungenfische, *Dipnoi,* und die Quastenflosser, *Crossopterygii.* Der Quastenflosser *Latimeria,* der lange Zeit als ausgestorben galt, ist die einzige heute noch lebende Art der *Crossopterygii.*

Die Lungenfische sind Luftatmer und leben mit nur sieben bekannten Arten im Süßwasser. Die größte Artenvielfalt findet sich unter den Strahlenflossern. Fast alle Strahlenflosser verfügen über gut entwickelte Strahlen oder Stacheln als Flossenstützen, symmetrische Schwanzflossen und zahnbesetzte Kiefer.

Durch ihre enorme Anpassungsfähigkeit an die Lebensräume haben die Knochenfische beste Überlebenschancen in allen Gewässern der Welt. Man findet sie sowohl in den Seichtwasserzonen der Korallenriffe als auch in den tieferen Regionen der Meere und in polaren Gebieten, in denen die Wasseroberfläche ewig vom Eis bedeckt ist. In den Gezeitenzonen leben amphibische Arten, die auch an der Luft überleben können, während sich andere zu ständigen Bodenbewohnern oder reinen Freiwasserfischen entwickelt haben. Die Bodenregion heißt *Benthal,* die Freiwasserregion *Pelagial.* Das *Pelagial* wird bis etwa 200 Meter Tiefe vom Licht durchdrungen; darunter ist es dunkel. Von den dort lebenden Fischen haben einige Arten Leuchtorgane entwickelt, mit denen sie sowohl Beute anlocken als auch Signale an ihren Partner aussenden können, was ja bei absoluter Dunkelheit von großer Wichtigkeit ist.

Die sichere Tiefengrenze des Preßlufttauchens liegt unter Berücksichtigung der aktuellen Austauchtabellen bei 40 Meter. Ein wahrhaft kleiner Bereich, wenn man sich vorstellt, daß die insgesamt vorhandene Wassermenge, ca. 1,4 Milliarden Kubikkilometer, eine 2500 Meter hohe, durchgehende Wasserschicht ergäbe, würde man die Erdoberfläche einebnen. Dennoch konnten Wissenschaftler mit Hilfe der Tauchgerätschaften aus diesem kleinen Bereich unzählige neue Erkenntnisse gewinnen und viele interessante Fragen klären.

Wie schnell schwimmt eigentlich ein Fisch?

Es gibt nicht viele zuverlässige Informationen darüber, wie schnell Fische eigentlich schwimmen können. Aufgeschreckte Tiere bringen es jedoch manchmal zu erstaunlichen Blitzstarts und erreichen dabei Maximalgeschwindigkeiten von 55 km/h – freilich nur auf eine äußerst kurze Distanz. Gezielt durchgeführte Experimente haben ergeben, daß Fische, welche sich stetig in eine Richtung entlang einer Küste fortbewegen, recht langsam vorankommen. Eine Leistung von 150 Kilometer am Tag gehört da schon zu den Ausnahmen und wird in der Regel auch nur von Haifischen erreicht, die mit zu den schnellsten Schwimmern zählen. Schulen kleinerer Fische, wie beispielsweise Sardinen, wandern mit einer Geschwindigkeit von 5 km/h dicht unter der Wasseroberfläche. Thunfische und Schwertfische sind die absoluten Rekordler: Ihr Höchsttempo kann bis zu 109 km/h betragen.

Schlafen Fische?

Der Taucher wird feststellen, daß sich ihm nachts ein völlig anderes Bild der Unterwasserwelt bietet als am Tage. Es wird einem klar, daß man Tag- und Nachtfische unterscheiden kann. Dann stellt sich natürlich die Frage: Wo bleiben nachts die Tagfische und tagsüber die Nachtfische? Die Antwort ist recht einfach: Sie verstecken sich in Höhlen und Felsspalten oder zwischen Korallen im Riff. Dort schlafen sie.

Manche Arten hüllen sich nachts in einen Schlafsack, wie z. B. die Papageifische (siehe Abb. unten). Mit diesem aus einer Schleimschicht bestehenden Sack schützen sie sich vor Muränen, die in der Dunkelheit mit Hilfe ihres Geruchssinns jagen. Der Schlafsack ist vorn und hinten geöffnet, damit frisches Wasser durchlaufen kann und der Fisch nicht erstickt. Morgens durchbricht der Papageifisch seinen Schlafsack, und die Schleimhülle löst sich rückstandslos auf.

Fressen ja – aber trinken Fische auch?

Die Körperflüssigkeiten eines Fisches enthalten weniger Salz als das sie umgebende Meerwasser. Dem Prinzip der Osmose folgend tritt also permanent Körperflüssigkeit

aus. Diese muß ersetzt werden. Infolgedessen trinken Fische also recht häufig. Der Körper der Fische besitzt die Möglichkeit, das Salz aus dem Meerwasser zu filtern und es dann über die Kiemen auszuscheiden.

Haie und Rochen bedienen sich allerdings eines anderen Tricks. Bei ihnen ist der osmotische Druck des Blutes gleich dem des Meerwassers, so daß es zu keinem Flüssigkeitsaustritt kommt. Deswegen ist ihnen das Gefühl des Durstes unbekannt.

Bunte Fische?

Warum sind Fische bunt? Diese Frage stellt sich irgendwann wohl jeder, der die Unterwasserwelt in seiner ganzen Pracht kennengelernt hat. Wie Experimente gezeigt haben, signalisieren Familien, die in einem relativ eng begrenzten Gebiet zusammenleben, mit unterschiedlichem Farbkleid Artzugehörigkeit. HANS FRICKE experimentierte in diesem Zusammenhang mit Falterfischen, deren männliche Artgenossen immer nur Attrappen mit arteigenem Muster angriffen. Bei vielen Arten fällt uns auf dem hinteren Drittel des Körpers ein dunkler Fleck auf. Gleichzeitig läuft über das Auge eine dunkle Querbinde. Durch diese Färbung erweckt der Fisch den Eindruck, daß das Auge sich am anderen Ende befindet und schützt es somit vor Angreifern. Experimente haben gezeigt, daß der Säbelzahnschleimfisch bei einer Attrappe den Augenfleck am hinteren Ende wesentlich häufiger als die Augenbinde attackiert. Damit ist nachgewiesen, wie wichtig diese Tarnung des Auges ist. Andere Fische täuschen durch ihr Farbkleid über ihre Gefährlichkeit hinweg, wie z.B. der Putzernachahmer *(Aspidontus)*, der sich die Ähnlichkeit der Putzerfische *(Labroides)* zunutze macht und sich so größeren Fischen ungefährdet nähern kann, um ihnen große Stücke aus dem Körper zu beißen.

Die Farbkleider der Jungfische unterscheiden sich häufig ganz deutlich von denen der erwachsenen Exemplare.

Dies fällt besonders bei Engelsfischen auf. Hier signalisiert das Farbkleid Aggression – allerdings nur gegen gleich aussehende Artgenossen. Juvenile Tiere der gleichen Art erkennen die Engelsfische nicht als Artgenossen, weil diese sich zum Schutze gegen die lästigen Übergriffe der Eltern mit einem deutlich zu unterscheidenden Farbkleid tarnen.

Bei anderen Fischen wiederum wirkt das auffällige Farbkleid als Warnsignal. Ein Fisch, der einmal von einem Rotfeuerfisch gestochen wurde, wird sich an ihn bestimmt deutlich zurückerinnern. Genauso unvergeßlich bleibt der Anemonenfisch demjenigen Fisch, der einmal versucht hat, ihn aus seiner Anemone »herauszuangeln« und sich dabei das Maul vernesselt hat.

Wie Verhaltensforscher herausgefunden haben, ahmen gerne auch ungefährliche Tiere durch ihre Färbung wehrhafte Fische nach: der Schlangenaal *Myrichthys colubrinus* z. B. mimt eine giftige Seeschlange. Erst bei genauem Hinsehen kann die Täuschung erkannt werden. Die gewöhnliche Seezunge versucht durch Aufstellen ihrer Brustflosse, das giftige Petermännchen zu imitieren.

Wir sehen die Fische – sehen sie uns auch?

Diese Problematik wird jedem bewußt, der unter Wasser schon einmal die Augen geöffnet hat und alles verschwommen sah. Unser Auge ist dem Medium Luft angepaßt und reagiert durch den anderen Brechungsindex des Wassers mit einer hochgradigen Weitsichtigkeit. Die Sehschärfe des menschlichen Auges reduziert sich unter Wasser auf ein $1/60$ der Normalleistung. Selbst durch das Glas der Taucherbrille sehen wir ein verzerrtes Bild: alles erscheint auf $3/4$ der tatsächlichen Distanz und $1/3$ größer – ein Phänomen, das das angeregte Gespräch über erlebte Tauchabenteuer natürlich beflügelt.

Aber jedes Auge ist dem Medium angepaßt, in dem es

lebt. So können die Fische ihre Linse im Auge verändern und das Bild scharfstellen. Einschränkungen ergeben sich allerdings durch die Sichtweiten im Wasser. Meistens können die Fische nicht mehr als 10 Meter weit sehen. Um der Gefahr zu entgehen, gegen das Riff oder andere feststehende Gegenstände zu schwimmen, besitzen die Fische einen radarähnlichen Sinn – das Seitenliniensystem. Diese Seitenlinien ziehen sich – wie das Wort schon vermuten läßt – an beiden Seiten vom Kopf bis zum Schwanzstiel der Fische. Damit können sie sowohl Veränderungen des Wasserdrucks als auch Strömungen wahrnehmen. Feststehende Gegenstände werden rechtzeitig geortet und wie »ferngesteuert« umschwommen. Deshalb laufen Taucher keine Gefahr von schnell heranschwimmenden Fischen, für die sie außer Sichtweite sind, »gerammt« zu werden. Auch die Fähigkeit ohne abzutreiben in der Strömung stehen zu können wird dem Seitenliniensystem zugeschrieben.

Lange Zeit galten die Fische als farbenblind. Diese These konnte EUGENIE CLARK widerlegen. Ihre Versuchsreihen mit Haien ergaben, daß diese verschieden gefärbte Tafeln unterscheiden konnten. Man vermutet, daß auch die Korallenfische die farbliche Kennung ihrer Artgenossen sehen und sich nicht nur nach der Musterung orientieren. Da die Farben bekanntlich mit zunehmender Tiefe absorbiert werden, ist das Farbensehen der Fische aber nur für die Nahorientierung von Bedeutung.

Interessant ist auch, wie sich amphibisch lebende Fische behelfen, wenn sie nicht wie der Süßwasserfisch *Anableps* gleich vier Augen besitzen, zwei für das Sehen im Wasser und zwei für das Sehen an Land. Amerikanische Forscher fanden heraus, daß amphibische Fische ihre Linse an Land abflachen können und so ein scharfes Bild einstellen.

Abschließend bleibt anzumerken, daß Fische sogar lernfähig sind und ein erstaunliches Gedächtnis besitzen. HANS FRICKE schreibt in seinem Buch »Bericht aus dem

Riff« über Anemonenfische: »Ich hatte einmal ein Männchen für ein halbes Jahr in fremde Umgebung gesetzt. Danach ließ ich den Fisch in seiner alten Umgebung frei, und zwar aus einer Position, aus der er seine alte Anemone nicht sehen konnte. Er schwamm schnurstracks nach Hause.«

Die äußeren Merkmale eines Fisches

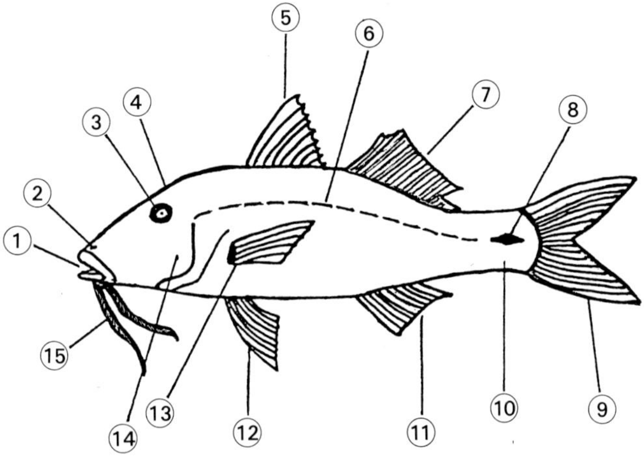

1. Maul
2. Nasenöffnung
3. Auge
4. Stirn
5. harte Rückenflossenstrahlen
6. Seitenlinie
7. weiche Rückenflossenstrahlen
8. Kiel
9. Schwanzflosse
10. Schwanzstiel
11. Analflosse
12. Bauchflosse
13. Brustflosse
14. Kiemendeckel
15. Barteln

Tropische Rifflandschaft

Symbolverzeichnis

Haie/*Lamniformes*
(bis 18 Meter) S. 43

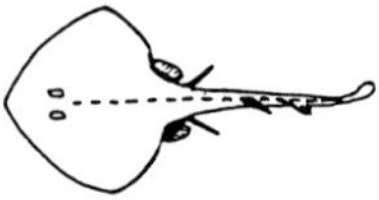

Rochen/*Rajiformes*
(bis 6,7 Meter) S. 52

Eidechsenfische/
Synodontidae (bis 45 cm)
S. 63

Muränen/*Muraenidae*
(bis 2,5 Meter) S. 66

Schlangenaale/*Ophicht-hyidae* (bis 1 Meter) S. 78

Korallenwelse/*Plotosidae*
(bis 50 cm) S. 80

Trompetenfische/*Aulosto-midae* (bis 1 Meter) S. 82

Pfeifenfische/*Fistulariidae*
(bis 1,6 Meter) S. 86

Seenadeln/*Syngnathidae*
(bis 38 cm) S. 88

Schnepfenmesserfische/ *Centriscidae* (bis 15 cm
S. 91

Geisterpfeifenfische/ *Sole-nostomidae* (bis 17 cm)
S. 94

Krötenfische/ *Antennariidae* (bis 29 cm)
S. 96

Stachelfische/ *Holocentridae* (bis 45 cm)
S. 99

Barrakudas/ *Sphyraenidae*
(bis 2 Meter) S. 106

Zackenbarsche/ *Serranidae*
(bis 2 Meter) S. 110

Seifenfische/ *Grammistidae*
(bis 35 cm) S. 123

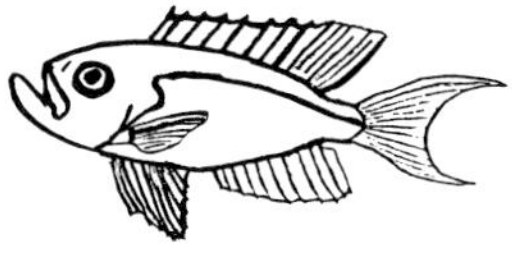

Bullaugen/ *Priacanthidae*
(bis 45 cm) S. 125

Kardinalfische/ *Apogonidae* (bis 20 cm)
S. 128

Pferdemakrelen/ *Carangidae* (bis 1 Meter) S. 133

Schnapper/ *Lutjanidae*
(bis 1 Meter) S. 139

Rötlinge/ *Anthiidae*
(bis 25 cm) S. 147

Füsiliere/ *Caesiodidae*
(bis 36 cm) S. 151

Großaugen/ *Scolopsidae*
(bis 40 cm) S. 156

Weichlipper/ *Plectorhynchidae* (bis 90 cm) S. 159

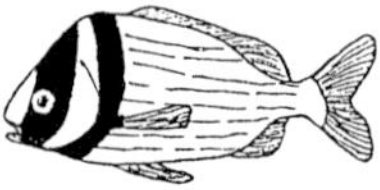

Grunzerfische/ *Pomadasyidae* (bis ca. 60 cm) S. 164

Ruderfische/ *Lethrinidae*
(bis 90 cm) S. 168

Umberfische/ *Scianidae*
(bis 25 cm) S. 170

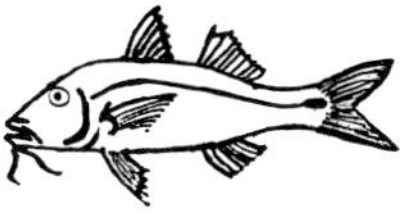

Seebarben/ *Mullidae*
(bis 40 cm) S. 172

Gleiter/ *Pempheridae*
(bis 20 cm) S. 175

Pilotbarsche/ *Kyphosidae*
(bis 60 cm) S. 178

Spatenfische/ *Ephippidae*
(bis 50 cm) S. 181

Engelsfische/ *Pomacanthidae* (bis 50 cm) S. 184

Falterfische/ *Chaetodontidae* (bis 29 cm) S. 196

Riffbarsche/ *Pomacentridae*
(bis 20 cm) S. 222

Lippfische/ *Labridae*
(bis 45 cm) S. 240

Papageifische/ *Scaridae*
(bis 80 cm) S. 256

Korallenwächter/ *Cirrhitidae* (bis 25 cm) S. 265

Krokodilfische/ *Parapercidae* (bis 32 cm) S. 270

Schleimfische/ *Bleniidae* und *Salariidae* (bis 13 cm) S. 274

Kaninchenfische/ *Siganidae* (bis 45 cm) S. 284

Maskenwimpelfische/ *Zanclidae* (bis 22 cm) S. 287

Seebader/ *Acanthuridae*
(bis 60 cm) S. 290

Nasenfische/ *Nasidae*
(bis 70 cm) S. 298

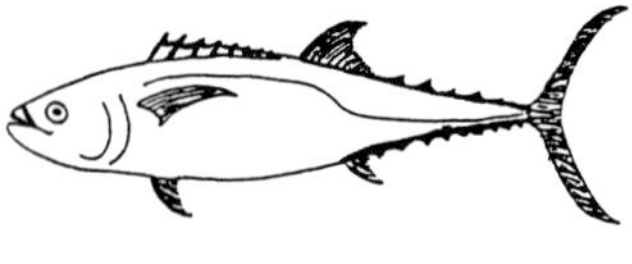

Thunfische/ *Thunnidae*
(bis 3 Meter) S. 303

Schläfergrundeln/*Eleotridae* (bis 16 cm) S. 305

Grundeln/*Gobiidae* (bis 15 cm) S. 310

Skorpionfische/*Scorpaenidae* (bis 75 cm) S. 314

Steinfische/*Synanceidae* (bis 40 cm) S. 323

Plattköpfe/*Platycephalidae* (bis 1 Meter) S. 326

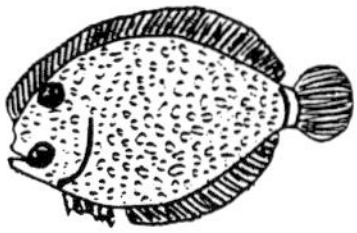

Plattfische/*Bothiidae* (bis 60 cm) S. 329

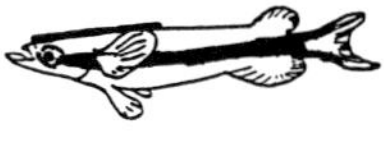

Saugfische/*Echeneidae* (bis 1 Meter) S. 331

Drückerfische/*Balistidae* (bis 70 cm) S. 334

Einstachler/*Alutheridae* (bis 1 Meter) S. 346

Kofferfische/ *Ostraciontidae* (bis 45 cm) S. 351

Igelfische/ *Diodontidae* (bis 60 cm) S. 356

Spitzkopfkugelfische/ *Canthigasteridae* (bis 23 cm) S. 359

Kugelfische/ *Tetraodontidae* (bis 1 Meter) S. 362

Preußenfische (Dascyllus corneus) über einem Korallenstock

Die Fischfamilien

Haie/ *Lamniformes*

Haie gehören mit zu den ältesten Lebewesen auf unserem Planeten. Es ist erwiesen, daß Haie bereits vor 360 Millionen Jahren entstanden und einige Arten ihre Körperform seit ca. 160 Millionen Jahren nicht mehr verändert haben. Das mörderische Ambiente, das jeden Hai als einen gefräßigen und überaus angriffslustigen Killer umgibt, ist durch die moderne Wissenschaft widerlegt. So ist der schlechte Ruf dieser Spezies fast ausschließlich auf reißerische Schlagzeilen der Boulevardpresse gegründet, die, ihre Headlines füllend, von regelrechten Schlachtorgien unter harmlosen Badenden und Schnorchlern berichtet.

Daß das durchaus nicht die Regel ist, kann mancher Taucher bestätigen, der völlig unbehelligt seine Fotos von der angeblich so blutrünstigen Bestie machen konnte.

Damit soll jedoch keineswegs der Hai verharmlost werden. Es existieren Haiarten, die dem Menschen sehr wohl gefährlich werden können. Dazu zählen in erster Linie der Weiße Hai, der Tigerhai, der Hammerhai, der Makohai und einige Arten der Menschenhaie *(Carcharhinidae).*

Die Spezies Hai gehört zu den Knorpelfischen. Ihr stark ausgeprägtes Gebiß weist sie als Räuber aus. Doch wie bei jedem Raubfisch wird das Jagdverhalten auch beim Hai von einem bestimmten Beuteschema geprägt. So haben z. B. Riffhaie eine andere Beutevorstellung als Hochseehaie. Die meisten Haiarten verhalten sich dem Besucher der Unterwasserwelt gegenüber eher scheu. Sie schwimmen heran, taxieren das für sie völlig fremde Etwas und verziehen sich wieder ins Blau der Umgebung.

Auf den Malediven gibt es bekanntlich Tauchreviere, in denen Haie angefüttert wurden. Diese Praxis wird teilweise auch heute noch geübt. Durch solche Beeinflussung verändern Haie ihr natürliches Verhalten. Hier sind die Haie, eigentlich als Nomaden der See bekannt, fast reviertreu. Warum auch nicht, wo es doch ohne eigentliche Jagd regelmäßig etwas zu fressen gibt? Kritisch wird es nur, wenn, bedingt durch schlechtes Wetter, das Tauchboot einige Tage nicht den Tauchplatz anlaufen kann.

Dann kann es bei der nächsten Fütterung zu äußerst stürmischen Begrüßungsszenen kommen, bei denen der Fütterer recht unsanft umgerempelt wird. Daß dies gefährlich werden kann, braucht nicht näher erläutert werden. Die Fütterungspraktiken stellen einen Eingriff in das natürliche Jagdverhalten der Haifische dar und sind daher nicht unproblematisch. Wen weitere und ausführliche Literatur über Haie interessiert, dem sei die Lektüre des Buches »Der Hai – Legende eines Mörders« von Prof. IRENÄUS EIBL-EIBESFELDT und Prof. HANS HASS, sowie ihr Buch »Wie Haie wirklich sind« empfohlen.

Silberspitzenhai

Carcharhinus albimarginatus, RÜPPELL

Synonyme: –

Silvertip Shark

Körperform:	schlank; eine große, eine kleine Rückenflosse
Größe:	bis 2,5 Meter
Farbkleid:	grau, Bauchseite weiß, silberne Flossenspitzen
Verbreitung:	Indo-Pazifik

Grauer Riffhai

Carcharhinus menisorrah, MÜLLER & HENLE

Synonyme: *Carcharhinus amblyrhinchos*, BLEEKER
Carcharhinus nesiotes, SNYDER

Grey Reef Shark

Körperform: schlank, spindelförmig; eine große erste, eine kleine zweite Rückenflosse, obere Hälfte der Schwanzflosse auffallend größer
Größe: bis 2,5 Meter
Farbkleid: grau, Bauchseite weiß, Schwanz-, zweite Rücken- und Analflosse dunkel gesäumt
Verbreitung: Indo-Pazifik

Ammenhai

Ginglymostoma cirratum, BONNATERRE

Synonyme: –

Nurse Shark

Körperform: schlank; lange Schwanzflosse, zwei Rükkenflossen, zwei Barteln
Größe: bis 4,5 Meter
Verbreitung: West Atlantik, Ost-Pazifik, Rotes Meer
Besonderheit: Bodenbewohner

Walhai

Rhincodon typus, SMITH

Synonyme: –

Whale Shark

Körperform: kräftig; auffallend breiter Kopf, breites, endständiges Maul
Größe: bis 18 Meter
Farbkleid: Bauchseite hell, Rückenseite dunkelblau mit weißen Punkten
Verbreitung: Indo-Pazifik, tropischer Atlantik, Rotes Meer

Hammerhai

Sphyrna lewini, LINNAEUS

Synonyme: –

Common Hammerhead Shark, Hammerhead, Shovelnose Shark, Cornuda

Körperform: schlank; Kopf hammerartig ausgebildet, Augen jeweils auf beiden Seiten des Kopfes, steile, dreieckige Rückenflosse
Größe: bis 5 Meter
Farbkleid: mittelbraun bis grau, Bauchseite hell
Verbreitung: Indo-Pazifik, tropischer Atlantik, Rotes Meer

Leopardenhai

Stegostoma fasciatum, HERMANN

Synonyme:	*Stegostoma varium*, SEBA *Stegostoma tigrinum*, BONNATERRA

Leopard Shark, Zebra Shark, Monkey Mouth

Körperform:	schlank; obere Hälfte der Schwanzflosse überdimensional verlängert, Maul unterständig, nur eine Rückenflosse
Größe:	bis 2,5 Meter
Farbkleid:	mittelbraun, dunkle Flecken, Bauchseite weiß
Verbreitung:	westlicher Indo-Pazifik

Weißspitzen-Marderhai

Triaenodon obesus, RÜPPELL

Synonyme:	–

Whitetip Reef Shark

Körperform:	schlank; stumpfe Schnauze
Größe:	bis 2 Meter
Farbkleid:	silbergrau, weiße Flossenspitzen
Verbreitung:	Indo-Pazifik, Rotes Meer

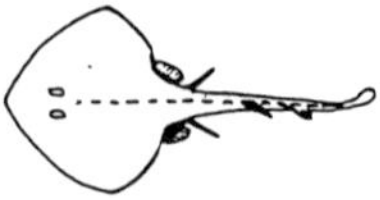

Rochen/*Rajiformes*

Bei der Überschrift zu diesem Kapitel handelt es sich nicht um einen Familiennamen, sondern um die Bezeichnung der Ordnung. Der Einfachheit halber werden an dieser Stelle mehrere Familien mit den dazugehörigen Arten aus verschiedenen Unterordnungen zusammengefaßt. (vergl. Einleitung, S. 12, Stammbaum Blaupunktrochen)

Der Körper der Rochen ist flach und paßt sich somit dem Leben in Bodennähe an. Die Augen befinden sich auf dem Rücken, das Maul und die Kiemen dagegen auf der Unterseite. Die Familie *Torpedinidae* (Unterordnung *Torpedinoidei*) – auch bekannt als Zitterrochen – hat elektrische Organe, die vorn am Kopf sitzen. So kann dieser Fisch elektrische Schläge austeilen, um sich seiner Feinde zu erwehren. Es wurden schon Stromstöße mit einer Intensität von bis zu 300 Volt bei sieben bis acht Ampere gemessen.

Aus der Unterordnung *Rajoidei* geht die Familie *Rajidae* (Nagelrochen) hervor. Diese Rochen haben einen scheibenförmigen Körperbau und auf dem Rücken entlang der Rückenlinie eine Reihe »Hautzähne«.

Die buntesten Arten finden wir in der Familie der Stachelrochen *(Dasyatidae)*, aus der Unterordnung *Myliobatoidei*. So ist zum Beispiel der Blaupunktrochen *(Taeniura lymna)* bei einem mittel- bis hellbraunen Körperuntergrund mit leuchtend blauen Punkten versehen. Arten der Gattung *Taeniura* sind sehr weit verbreitet. Man findet sie im Roten Meer, im Indo-Pazifik an der afrikanischen Küste, vor Australien und einige Vertreter sogar im Mittelmeer.

Stachelrochen tragen an ihrem peitschenartigen Schwanz einen kräftigen Stachel, mit mehreren Widerhaken, Der Stachel ist mit einer Giftdrüse verbunden. Im Falle einer Bedrohung setzt der Rochen diese »Waffe« zur Verteidigung ein, wobei er den Schwanz peitschenartig über den Körper nach vorne schnellt. Hierbei können dem Gegner schwerste Verletzungen zugefügt werden.

Da Rochen sich häufig im warmen Flachwasser einer Lagune aufhalten und dabei fast unsichtbar im Sand verborgen liegen (s. Abb. unten), haben schon mehrfach Badende unliebsame Bekanntschaft mit dem Giftstachel von Rochen gemacht.

Ist dieses Gift in eine Wunde eingedrungen, so ruft es außer heftigen Schmerzen, die bis zur Bewußtlosigkeit führen können, auch noch Erbrechen, Schweißausbrüche, Schüttelfrost und Müdigkeit hervor. Es sind Fälle bekannt, bei denen die Verletzung zum Tode von Menschen geführt hat.

Nur ein kleiner Trost für die Betroffenen ist es, daß die Hülle des Stachels, in der das Gift entlangläuft, sowie die Giftdrüse selber, bei Benutzung des Stachels verlorengehen. Naturvölker haben eine besondere Verwendung für den Stachel: sie benutzen ihn als Pfeil- oder Speerspitze.

Die größten Rochen stammen aus der Familie der *Mobulidae* (Teufelsrochen). Bekanntester Vertreter dieser Familie ist der Manta oder Teufelsfisch *(Manta birostris).* Charakteristisch für ihn sind die flügelartig verbreiterten Brustflossen und die Hilfsflossen am Kopf (»Hörner«). Ein ausgewachsener Manta kann eine Spannweite von etwa sieben Metern und ein Gewicht von ca. 1000 kg erreichen. Trotz dieses enormen Gewichtes springt der Manta gelegentlich aus dem Wasser und klatscht dann deutlich hörbar wieder auf.

Wie die meisten Rochen bringt auch der Manta lebendige Junge zur Welt. Die großen Schulen kleiner Mantas sind seltene Begegnungen und »highlights« für jeden Taucher und Unterwasserfotographen.

Zu den Rochen zählt ebenfalls der Sägefisch aus der Familie *Pristidae.* Diese Tiere zeichnen sich durch eine verlängerte »Nase« aus, die an beiden Seiten jeweils bis zu 30 Zähne aufweist. Mit dieser Säge verteidigt sich der Fisch gegen Angreifer. Geschichten, in denen der Sägefisch hiermit auf Jagd geht und andere Fische damit halbiert, gehören allerdings in den Bereich der Spekulation. Die Säge dient viel mehr dazu, den Boden nach Nahrung zu durchstöbern. Die Körperform des Sägefisches unterscheidet sich von der anderer Rochen dadurch, daß sie eher langgestreckt ist. Sie ähnelt der des Haifisches.

Alle bodenbewohnenden Rochen ernähren sich vorzugsweise von Lebewesen, die sie im aufgewühlten Meeresboden vorfinden. Adlerrochen suchen ebenfalls den Meeresboden nach Nahrung ab, nehmen aber auch während des »Fluges« kleine Fische und Krebse zu sich.

Flugrochen, wie z. B. der Manta, fressen hauptsächlich Plankton und filtern kleine Fische, schwimmende Krebse und Flügelschnecken aus dem Wasser.

Adlerrochen

Aetobatus nari nari, EUPHRASEN

Synonyme: *Aetobatus flagellum*, SCHNEIDER
Stoasodon nari nari, EUPHRASEN

Spotted Eagle Ray

Körperform: flach; spitz zulaufende »Flügel«, peitschenartiger, langer Schwanz
Größe: bis zu drei Meter (incl. Schwanz)
Farbkleid: grau-grüner Rücken mit weißen Tupfern, cremefarbene Bauchseite
Verbreitung: Indo-Pazifik, Rotes Meer, trop. Atlantik

Manta

Manta birostris, DONNDORF

Synonyme:	*Manta ehrenbergi*, EDWARDS & HAIME *Deratoptera alfredi*, KREFT

Manta, Giant Devil Ray

Körperform:	flach; große dreieckige »Flügel«, langer, peitschenartiger Schwanz, zwei auffällige Hautlappen am Kopf (»Hörner«)
Größe:	bis 6,7 Meter (Spannweite)
Farbkleid:	Rückenseite dunkelblau, Bauchseite weiß
Verbreitung:	in allen tropischen Meeren

Stechrochen

Dasyatis americana

Synonyme:	–

Southern Stingray

Körperform:	rund, flach; langer, peitschenartiger Schwanz
Größe:	bis 90 Zentimeter
Farbkleid:	dunkelbraun bis schwarz, Körperunterseite hell
Verbreitung:	westlicher Atlantik

Geigenrochen

Rhynchobatus djiddensis

Synonyme:	–

Fiddle Shark, Spotted Guitarfish

Körperform:	schlank; zwei dreieckige Rückenflossen, kräftige, dreieckige Schwanzflosse, pfeilspitzenartiger Kopf mit langgezogener »Nase«
Größe:	bis zu 3 Meter
Farbkleid:	mittelbraun bis grau mit weißen Punkten
Verbreitung:	westlicher Indo-Pazifik, Rotes Meer

Brauner Zitterrochen

Torpedo fuscomaculata, PETERS 1855

Synonyme:	*Torpedo smithii* *Torpedo marmorata*

Electric Ray

Körperform:	rundlich platt; kurzer, dicker Schwanz mit zwei Flossen
Größe:	bis 45 Zentimeter
Farbkleid:	braun mit hellen Sprenkeln
Verbreitung:	Indo-Pazifik

Gefleckter Stachelrochen

Taeniura melanospila, BLEEKER

Synonyme:	*Dasyatis melanospilos,* BLEEKER *Dasyatis maculatus,* MIYOSHI

Speckled Stingray, Black-spotted Ray

Körperform:	rund, flach; kräftiger, peitschenartiger Schwanz
Größe:	bis 2,5 Meter (incl. Schwanz)
Farbkleid:	grau, schwarz marmoriert
Verbreitung:	Indo-Pazifik, Rotes Meer

Blaupunktrochen

Taeniura lymna, FORSKÅL 1775

Synonyme:	*Raja lymna,* FORSKÅL 1775 *Trygon halgani,* LESSON 1830 *Discobatis marginipinnis,* MACLAY & MACLAY 1886

Blue-spotted Lagoonray, Fantail

Körperform:	rund; kräftiger, peitschenartiger Schwanz
Größe:	bis 2 Meter (incl. Schwanz)
Farbkleid:	mittelbraun/beige mit blauen Tupfen, blaue Längsstreifen von der Schwanzwurzel bis zur Schwanzspitze
Verbreitung:	Indo-Pazifik, Rotes Meer
Sonstiges:	Bodenbewohner

Leoparden Stechrochen

Urolophus jamaicensis

Synonyme: –

Yellow Stingray

Körperform:	rund, flach; peitschenartiger Schwanz
Größe:	bis 62 Zentimeter
Farbkleid:	dunkelgrün/braun mit gelben Punkten, die Punkte sind teilweise zu Flecken verschmolzen
Verbreitung:	westlicher Atlantik

Eidechsenfische / *Synodontidae*

Ordnung: *Aulopiformes*
Unterordnung: *Aulepisauroidei*

Eidechsenfische bewohnen die tropischen und gemäßigt warmen Meere. Man muß schon genau hinschauen, wenn man sie entdecken will. Sie besitzen ein reptilienartiges Aussehen und verharren meistens bewegungslos auf dem Riff oder dem Boden. Ihr grau-braun-grün gesprenkeltes Farbkleid tarnt sie zusätzlich.

Oft schwimmen sie ins Flachwasser der Lagunen und graben sich dort mit ihren Bauch- und Brustflossen im Sand ein. Nur ihre Augen lugen hervor. Erspähen sie kleine vorbeischwimmende Fische schießen sie pfeilschnell auf sie zu. Am Riff lauern Eidechsenfische vorzugsweise auf Korallenblöcken. Eidechsenfische werden etwa 30 cm groß. Nur eine vor der kalifornischen Küste lebende Art *(Synodus lucioceps)* erreicht die doppelte Länge. Ihr Körper weist schwere Schuppen auf. Ein ausgeprägtes Gebiß mit mehrreihigen Zähnen ist ebenfalls typisch für diese Art.

Ähnlich den Krokodilfischen stützen sich die Eidechsenfische auf ihren Brustflossen ab und können so, während sie Ausschau halten, ihren Körper etwas anheben.

Zum Ablaichen versammeln sich die solitär oder paarweise lebenden Eidechsenfische auf Sandflächen. Die Jungtiere – sie besitzen noch keine Schuppen und sind fast durchsichtig – halten sich zunächst dicht unter der Wasseroberfläche im Plankton auf, das ihnen als Nahrung dient. Erst später finden sie sich an den Riffen ein und suchen dort Schutz.

Marmoreidechsenfisch

Saurida gracilis, QUODY & GAIMARD

Synonyme: *Saurida nebulosa*, CUVIER & VALENCIENNES

Gracefull Lizardfish

Körperform: schlank; Augen hoch angesetzt
Größe: bis 20 Zentimeter
Farbkleid: mittelbraun/beige, dunkle Flecken auf Körper und Flossen
Verbreitung: Indo-Pazifik, Rotes Meer

Eidechsenfisch

Synodus variegatus, LACEPEDE

Synonyme: –

Variegated Lizardfish

Körperform: schlank; spitzes Maul, hochgestellte Augen
Größe: bis 22 Zentimeter
Farbkleid: hellbeige, dunkelbraune Querbinden und Flecken
Verbreitung: Indo-Pazifik

TG 34

Muränen/*Muraenidae*

Ordnung: Aalartige Fische/*Anguilliformes*
Unterordnung: Aalfische/*Anguilloidei*

In allen tropischen und subtropischen Gewässern kommen Muränen vor. Man rechnet zu der Familie der *Muraenidae* 120 Arten aus 12 Gattungen.

Bei einer Muräne fällt die eigenwillige Körperform besonders auf: sie erinnert den Betrachter sofort an eine Schlange. Ihr Körper ist rund oder nur wenig abgeplattet, die relativ dicke und kräftige Haut unbeschuppt. Die äußerst muskulösen Muränen besitzen keine Brustflossen. Mit schlängelnden Schwimmbewegungen sind sie dennoch recht schnell und wendig.

Die meisten Arten haben ein kräftiges Gebiß mit stark ausgeprägten Reißzähnen. Es wird immer wieder der Irrglaube verbreitet, daß Muränen Giftzähne besitzen. Das stimmt nicht. Es gibt zwar Muränenarten, deren Mundschleim leicht giftig ist und beim Zubeißen in die Wunde des Opfers gelangen kann, aber ein »Giftbiß« ist das nicht. Blutvergiftungen, die nach einem Muränenbiß auftreten, sind also auf den Mundschleim oder Sekundärinfektionen zurückzuführen.

Muränen gehören zu den Höhlenbewohnern und sind nachtaktiv. Sie verstecken sich gerne in Felsspalten und Schlupfwinkeln im Korallenriff. Der Taucher sieht Muränen normalerweise, wenn sie halb aus ihrem Versteck heraushängen und auf Beute warten. Kommt man ihnen zu nahe, ziehen sie sich zurück und nehmen ihre Lauerposition nur zögernd wieder ein.

Viele Taucher haben bereits herausgefunden, daß Muränen nur angreifen, wenn man sie dazu reizt. Diese Angriffe erfolgen dann vehement und sind gefährlich: Unterwasserfotografen können davon berichten. Auch das Füttern der Muränen ist sehr risikoreich. Man darf niemals außer Acht lassen, daß dadurch der Jagdinstinkt geweckt wird und sie entsprechend reagieren. Regelmäßige Fütterungen haben zur Folge, daß Muränen die Taucher regelrecht belästigen, wenn der Futtervorrat zu Ende ist.

Der extremste Fall, von dem wir wissen, hat sich im Roten Meer, in der Nähe von Hurghada, ereignet:

Unter Tauchern ist das »Carless Riff« ein Begriff. Dort gibt es viele Muränen der Art *Gymnothorax javanicus* – auch bekannt als Riesenmuränen –, die zum Teil von ihrem natürlichen Verhalten völlig abweichen. Häufig werden Taucher buchstäblich verfolgt, grundlos attackiert und von den Muränen bis zur Wasseroberfläche »begleitet«. Eine Folge regelmäßiger Fütterung? Es ist anzunehmen. Wie sonst kann es zu solchen Situationen kommen? Die Bilanz dieser neuen Anhänglichkeit der Muränen ist jedenfalls nicht gerade erfreulich: zerbissene Finger (bei der Abwehr), Bisse in den Unterarm und in die Wadenmuskulatur sind die Folgen. Ein Taucher konnte von einem »glücklichen Zufall« sprechen, daß eine Muräne lediglich seine Beinprothese zu packen bekam. Immerhin erreichen die gut genährten Tiere am »Carless Riff« eine Körperlänge von ca. zwei Metern bei ca. 40 Zentimetern Rumpfhöhe. Dazu kommt, daß Muränenbisse schlecht verheilen.

Muränen lassen sich gerne von Putzergarnelen oder Putzerfischen der Gattung *Labroides* säubern. Hierzu verlassen sie auch tagsüber ihre Höhlen. Während des Putzvorganges droht den kleinen Putzerfischen keine Gefahr. Nachts jedoch, wenn die Muränen auf Jagd gehen, tun die Putzer gut daran, sich in einen »Schlafsack« einzuhüllen, um so vor den Muränen mit ihrem gut entwickelten Geruchssinn geschützt zu sein.

Schimmelmuräne

Gymnothorax spec.

Synonyme: –

Red Sea Moray Eel

Körperform:	schlank, aalartig
Größe:	bis 1 Meter
Farbkleid:	mittelbraun/beige, dunkelbraun gesprenkelt
Verbreitung:	Rotes Meer

Braune Muräne

Gymnothorax javanicus, BLEEKER

Synonyme: –

Giant Moray, Giant Moray Eel

Körperform:	schlank, aalartig
Größe:	bis 2,50 Meter
Farbkleid:	mittel- bis dunkelbraun mit dunklen Flekken
Verbreitung:	Indo-Pazifik, Rotes Meer

TG 34;

Gelbbraune Muräne

Gymnothorax flavimarginatus, RÜPPELL

Synonyme: –

Yellow-edged Moray

Körperform: schlank, aalartig
Größe: bis 1,8 Meter
Farbkleid: rotbraun, hell gesprenkelt
Verbreitung: Indo-Pazifik

Gefleckte Muräne

Gymnothorax moringa

Synonyme: –

Spotted Moray

Körperform: schlank, aalartig
Größe: bis 70 Zentimeter
Farbkleid: dunkelbraun/weiß marmoriert
Verbreitung: westlicher Atlantik

Weißaugenmuräne

Gymnothorax thyrsoideus, RICHARDSON

Synonyme: *Muraena griseo-badia*, RICHARDSON

Slender Moray

Körperform: schlank, aalartig
Größe: bis 60 cm
Farbkleid: mittelbraun, dunkelbraun gesprenkelt, Kopf dunkel, Augen auffallend weiß
Verbreitung: Indo-Pazifik

Marmormuräne

Gymnothorax undulatus, LACEPEDE

Synonyme: *Lycodontis undulatus*, LACEPEDE
Gymnothorax fimbriatus, BENNETT
Gymnothorax stellatus, SNYDER

Leopard Moray

Körperform: schlank, aalartig; spitzer Kopf
Größe: bis 50 Zentimeter
Farbkleid: mittelbraun, hell marmoriert
Verbreitung: Rotes Meer, Indischer Ozean

Netzmuräne

Lycodontis favaginaeus, BLOCH & SCHNEIDER 1801

Synonyme:	*Gymnothorax favaginaeus*, BLOCH & SCHNEIDER 1801
	Muraena tesselata, RICHARDSON 1843
	Muraena python, KAUP 1856

Leopard Moray Eel, Tesselated Reef Eel, Honeycomb Moray

Körperform:	schlank, aalartig
Größe:	bis 2,5 Meter
Farbkleid:	weiß, dunkle Flecken am gesamten Körper und den Flossen
Verbreitung:	Indo-Pazifik

Weiße Muräne

Siderea grisea, LACEPEDE 1803

Synonyme:	*Muraenophis grisea*, LACEPEDE 1803
	Muraena geometrica, RÜPPELL 1828
	Muraena bilineata, RÜPPELL 1835
	Siderea schonlandi, SMITH 1849

Geometric Moray

Körperform:	schlank, aalartig
Größe:	bis 38 Zentimeter
Farbkleid:	weiß, am Kopf schwarze Punkte zu Linien angeordnet
Verbreitung:	Indo-Pazifik, Rotes Meer

x **Grüne Muräne**

Gymnothorax funebris

Synonyme: –

Green Moray

Körperform:	schlank, aalartig
Größe:	bis 2,50 Meter
Farbkleid:	hellgrün, leicht ins bräunliche tendierend
Verbreitung:	Westlicher Atlantik (Karibik), auch vor den Bermudas und vor Kuba

TG 34;

Schlangenaale/ *Ophichtyidae*

Ordnung: Aalartige/ *Anguilliformes*
Unterordnung: Aalfische/ *Anguilloidei*

Vertreter dieser Familie werden häufig mit Seeschlangen verwechselt. Das beruht sowohl auf dem schlanken, länglichen Körperbau, sowie auf der plakativ gepunkteten oder geringelten Farbmusterung der Schlangenaale. In der Tat bewegen sie sich auch wie Seeschlangen und haben damit schon so manchen Taucher irritiert.

Man kann die Schlangenaale am besten an der Kopfform, bzw. der Form der Nasenlöcher, von den Seeschlangen unterscheiden. Ähnlich vielen Muränenarten weist der Kopf der Schlangenaale an der Spitze kleine, röhrenförmige Fortsätze auf: dies sind die nach vorne hin verlängerten Nasenlöcher. Schlangenaale besitzen keine Schuppen und keine Brustflossen. Rücken- und Afterflossen sind ebenso verkümmert wie die Schwanzflosse. Dafür haben sie ein verhärtetes Schwanzende, mit dem sie sich blitzschnell rückwärts im Sande eingraben können. Im Sand können sie sich dann sogar vorwärts und rückwärts bewegen. Dort oder in Felsspalten verborgen verbringen sie den Tag. Als Taucher begegnet man ihnen deshalb sehr selten, es sei denn in der Nacht, wenn sie nach kleinen Krebsen und Fischen jagen. Gelingt es den Schlangenaalen über längere Zeit nicht, Beute zu machen, dann fressen sie auch Aas.

Die Schlangenaale bewohnen die flachen Zonen aller tropischen Meere. Geschlechtsreife Tiere ziehen zum Ablaichen in die tieferen Regionen um und leben in dieser Zeit im Freiwasser.

Aus der Unterordnung der Aalfische, *Anguilloidei*, gehen u.a. auch die Familien der Muränen, der Meeraale *(Congridae)* und der Röhrenaale hervor.

Gelbgefleckter Schlangenaal

Myrichthys acuminatus, GRONOW 1854

Synonyme: *Muraena acuminata*, GRONOW 1854

Sharptail Eel

Körperform: schlank, aalartig
Größe: bis 102 Zentimeter
Farbkleid: mittelbraun mit gelben Tupfern
Verbreitung: westlicher Atlantik

Korallenwelse/ *Plotosidae*

Ordnung: Welsartige/ *Siluriformes*

Die Korallenwelse besiedeln das Rote Meer, den Indischen und Stillen Ozean. Sie sind schuppenlos und von aalartiger, aber kurzer Form mit kleinem Kopf und langem Schwanz. Die stark entwickelten harten Strahlen der Bauch- und Rückenflossen sind jeweils mit Drüsen besetzt, die zwar kein tödliches, aber für den Menschen dennoch gefährliches Gift beinhalten. Kommt es zu Verletzungen, treten sofort starke Schmerzen mit anschließender Schwellung auf. Da dieses Gift nicht wärmebeständig ist, empfiehlt sich die gleiche Behandlung, wie im Kapitel »Steinfische«, Seite 324, beschrieben.

Ein auffälliges Merkmal der Welsartigen sind die Bartfäden, von denen die Korallenwelse an jeder Seite vier aufweisen. Dieser »Schnurrbart« hat ihnen auch den Namen Katzenfische eingebracht. Mit den Barteln, in denen sich Geschmacks- und Tastorgane befinden, suchen sie vornehmlich im Flachwasser den Boden nach kleinen Wirbellosen ab.

Zur Eiablage des Weibchens bereitet das Männchen ein Nest vor, das in der Zeit der Brutpflege von beiden Elternteilen behütet wird. Die Jungtiere (bis 8 Zentimeter) leben in sehr dichten Verbänden zusammen. Bei Gefahr wird sofort zur »Rund-um-Sicherung« übergegangen, d. h., alle Fische stehen mit dem Kopf zur Außenseite des Schwarmes. Das hat gute Gründe: zum einen ist es so dem Jäger unmöglich einen einzelnen Wels anzuvisieren, zum anderen erweckt diese »Kugel« den Eindruck eines Seeigels oder einer Anemone mit sich bewegenden Tentakeln. Je größer die Korallenwelse werden, desto kleiner gestalten sich die Schwärme. Im ausgewachsenen Stadium leben sie dann solitär oder überwiegend versteckt in kleinen Gruppen.

Gestreifter Korallenwels

Plotosus lineatus, THUNBERG 1791

Synonyme: *Silurus lineatus*, THUNBERG 1791
Plotosus arab, BLEEKER 1862

Sea Catfish, Barbel Eel

Körperform: schlank, aalartig; acht Barteln am Kopf
Größe: bis 30 Zentimeter
Farbkleid: dunkelbraun, 4 weiße Längsstreifen
Verbreitung: Indo-Pazifik, Rotes Meer

Trompetenfische/ *Aulostomidae*

Ordnung: Stichlingsfische/ *Gasterosteiformes*
Unterordnung: Trompetenfische/ *Aulostomoidei*

Die Familie der Trompetenfische umfaßt eine einzige Gattung *(Aulostomus)* mit drei verschiedenen Arten, die sich auf den Indopazifik und die Karibik verteilen:

1. Gelber Trompetenfisch *(A. chinensis)*
2. Gepunkteter Trompetenfisch *(A. maculatus)*
3. Zügeltrompetenfisch *(A. strigosus)*

Alle drei Arten haben bei einer Länge bis zu 90 Zentimetern einen auffällig lang gestreckten Körper mit einem Röhrenmaul. Es weist vorne einen Bartfaden auf, der fast

wie ein Dorn aussieht. Die weit nach hinten versetzten Rücken- und Afterflossen bestehen aus weichen Strahlen.

Die Trompetenfische sind Räuber, die sich von kleinen Fischen ernähren. Dazu haben sie ganz besondere Jagdmethoden entwickelt: Oft stehen sie kopfabwärts, gut getarnt zwischen den Verästelungen von Hornkorallen und lauern dort ihrer Beute auf; manchmal versuchen sie es sogar parallel zum Ankerseil eines Tauchbootes, wie wir es auf den Malediven beobachten konnten.

Da der Trompetenfisch ein sehr gefürchteter Räuber ist, muß er sein Versteck oft wechseln, um unerkannt zu bleiben.

Auf der Suche nach einem neuen Versteck schwimmt er mit größeren Fischen, die seiner Farbgebung ähneln, und »reitet« auf deren Rücken unerkannt mit (s. Abb. S. 82). Bei der Nahrungssuche der größeren Friedfische finden sich schnell kleinere ein, um ein paar Reste zu erhaschen. Darauf wartet der Trompetenfisch und schnappt zu.

Der gleiche Trick findet Anwendung, wenn Trompetenfische, scheinbar lustlos in einem Fischschwarm verweilend, nach Beute spähen. Auch hier wird die Umgebung immer zur eigenen Farbe passend gewählt. So verstecken sich die gelben Trompetenfische *(Aulostomus chinensis)* vorzugsweise zwischen gelben Fischen (siehe Abb. links), oder reiten auf ihnen mit. Die dunklere Art *(Aulostomus maculatus)* wählt eher Papagei- oder Kaninchenfische.

Gelber Trompetenfisch

Aulostomus chinensis, LINNAEUS

Synonyme: –

Yellow Trumpetfish, Indian Ocean Trumpetfish

Körperform:	langgestreckt; extrem langer Kopf, langer Schwanzstiel, kurze Schwanzflosse
Größe:	bis 100 Zentimeter
Farbkleid:	leuchtend gelb
Verbreitung:	Westlicher Indo-Pazifik

TG 34;

Trompetenfisch

Aulostomus maculatus

Synonyme: –

Caribbean Trumpetfish

Körperform:	langgestreckt; Augen groß und seitlich angesetzt, langer Kopf, Maul endständig, Rückenflosse weit hinten angesetzt, langer Schwanzstiel
Größe:	bis 91 Zentimeter
Farbkleid:	mittelbraun mit hellen Längs- und Querstreifen
Verbreitung:	westlicher Atlantik

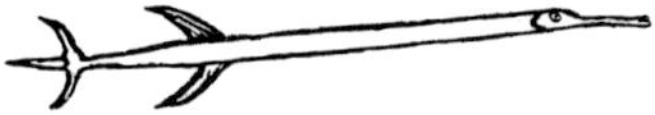

Pfeifenfische/ *Fistulariidae*

Ordnung: Stichlingsfische/ *Gasterosteiformes*
Unterordnung: Trompetenfische/ *Aulostomoidei*

Diese Familie kommt im Indopazifik, im tropischen Atlantik, in der Karibik sowie im Roten Meer vor.

Dort halten sich die Pfeifenfische vorzugsweise in den seichten Regionen am Riff und in den Gezeitenmündungen auf. Die Pfeifenfische erreichen eine Länge bis zu 1,8 Meter. Während die ausgewachsenen Fische überwiegend solitär leben, trifft man die Jungen in kleinen Schwärmen an.

Ähnlich den Trompetenfischen, mit denen sie nahe verwandt sind, besitzen die Pfeifenfische eine längliche Körperform mit einer langen, schmalen Schnauze, die wie das Mundstück einer Flöte aussieht. Der Populärname »Flötenmaul« resultiert daraus.

Im Unterschied zu den Trompetenfischen ist der Körper der Pfeifenfische schuppenlos, und es fehlen ihnen die Rückenflossenstacheln. Leicht zu erkennen sind sie an dem langen, peitschenartigen Schwanz.

Pfeifenfische zählen zu den Räubern, die sich von kleinen Fischen ernähren. Bei der Jagd setzen sie ihre Körperform wirkungsvoll ein, indem sie sich totstellen und einen treibenden Stock mimen. So lassen sie sich unbemerkt mit der Strömung an die ahnungslose Beute herantreiben, um sie dann blitzschnell zu schnappen. Diesen Trick wiederholen sie bei einem Fischschwarm mehrere Male hintereinander, bis sie als Räuber durchschaut sind und die Gejagten nicht mehr darauf hereinfallen.

Flötenfisch

Fistularia petimba, LACEPEDE

Synonyme: *Fistularia villosa*, KLUNZINGER
Fistularia serrata, CUVIER

Cornetfish, Flutemouth

Körperform: lang, dünn; extrem langer Kopf, Maul endständig, verkümmerte Schwanzflosse, erste Rückenflosse und Bauchflosse sowie zweite Rückenflosse und Analflosse sind im hinteren Drittel des Körpers jeweils symmetrisch angeordnet
Größe: bis 1,5 Meter
Farbkleid: bläulich-silber
Verbreitung: Indo-Pazifik, Rotes Meer

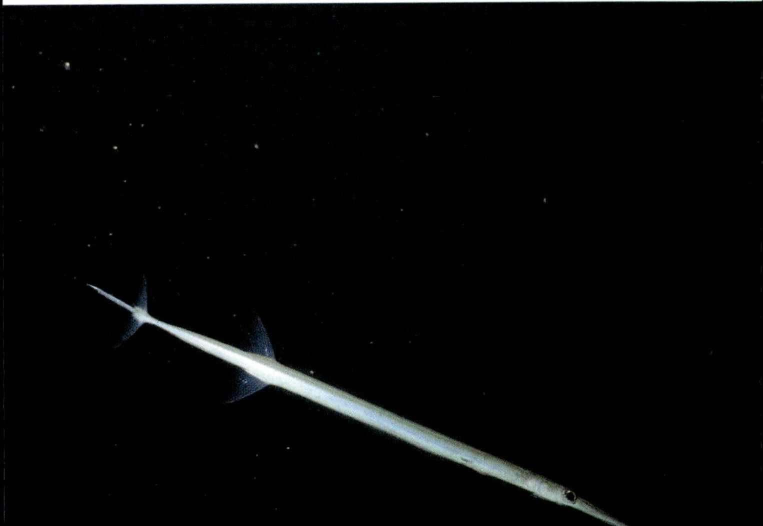

Seenadeln/ *Syngnathidae*

Ordnung: Stichlingsfische/ *Gasterosteiformes*
Unterordnung: Seenadelartige/ *Syngnathoidei*

Das Auffallendste an den Seenadeln, zu deren Familie auch die Seepferdchen zählen, ist die Körperoberfläche. Sie weist keine Schuppen auf, sondern knöcherne Hautplatten. Jede dieser Hautplatten ist kielförmig gewölbt. Der Kopf eines Seepferdchens erinnert durch sein langgezogenes Maul und den endständigen Mund an den eines Pferdes.

Bei starkem Seegang oder starker Strömung halten sich die Seenadeln und Seepferdchen mit dem Schwanz an Pflanzen fest. Da sie schlechte Schwimmer sind, ist ihr bevorzugter Aufenthaltsort in eher ruhigen Gewässern, wie z. B. Tang- oder Seegraswiesen. Sehr selten trifft man sie direkt am Riff an.

Ein Kuriosum ist die Brutpflege der Seenadeln und Seepferdchen. Das Weibchen legt seine Eier in den Brutbeutel des Männchens. Dieser befindet sich in der Regel unter dem Bauch. Die Befruchtung findet erst im Brutbeutel statt. Und hier schlüpfen die Jungen auch.

Interessant sind auch die Augen der Seenadeln. Sie können voneinander unabhängig bewegt werden. Das erleichtert den Seenadeln den Beutefang. Die Nahrung der *Syngnathidae* besteht hauptsächlich aus kleinen Schwimmkrebschen, die sie durch plötzliches »Einsaugen« in ihr Maul strudeln. Da Seenadeln keine Zähne haben, wird die Beute unzerkleinert verschluckt.

Harlekin Seenadel

Corythoichthys nigripeotus, HERALD

Synonyme:	–

Gilded Pipefish

Körperform:	schlank, aalartig; Augen groß und hoch angesetzt, langer Kopf, Maul endständig
Größe:	bis 15 Zentimeter
Farbkleid:	hellbraun bis transparent, dunkle Streifen am Kopf, rostrote Flecken am Körper
Verbreitung:	Indo-Pazifik, Rotes Meer

Zebraseenadel

Syngnathus dactyliophorus, BLEEKER 1853

Synonyme: *Dunckerocampus dactyliophorus*, BLEEKER 1853

Zebra Pipefish

Körperform: schlank; langer dünner Kopf, Maul endständig
Größe: bis 18 Zentimeter
Farbkleid: schwarz/weiß geringelt, Schwanzflosse rot/weiß
Verbreitung: Indo-Pazifik, Rotes Meer

Schnepfenmesserfische/ *Centriscidae*

Ordnung: Stichlingsfische/ *Gasterosteiformes*
Unterordnung: Trompetenfischartige/ *Aulostomoidei*

Schnepfenmesserfische sind recht selten. Ihre Familie umfaßt nur fünf Arten.

Grundsätzlich kann man diese Fische jedoch im Indischen und im Stillen Ozean sowie im Roten Meer antreffen – und wird, wenn man diese Gelegenheit einmal hat, mit Sicherheit beeindruckt sein: Schnepfenmesserfische schwimmen in Schulverbänden von 15 bis 40 Tieren auf dem Kopfe stehend, mit dem Rücken voran. In waagerechter Lage schwimmen sie nur, wenn sie auf der Flucht sind. Dann steuern sie bevorzugt den Schutz zwischen den langen Stacheln der Seeigel an.

Innerhalb des Schulverbandes besitzt jedes Mitglied seine individuelle Sicherheitszone. Wenn sich zwei Tiere zu nahe kommen, tragen sie in Kreisbewegungen schwimmend, einen Kampf aus. Dabei zeigen sie sich ihre scharfe Bauchseite. Das gleiche Spiralschwimmen kann man bei der Paarung zwischen Männchen und Weibchen beobachten – und zwar vor dem Ablaichen.

Ihren Namen verdanken die Schnepfenmesserfische übrigens ihrer Körperform, die tatsächlich der eines Messers ähnelt: durch transparente Knochenplatten geschützt, ist der Rücken rundlich und die Bauchseite klingenscharf, wie eine 15 Zentimeter lange Messerschneide. Mit ihrem spitz zulaufenden Maul zupfen sie Nahrung vom Boden und aus dem Riff.

Eine weitere Besonderheit dieser Fische ist die Anordnung der Rückenflossen. Sie liegen so weit nach hinten versetzt, daß der verlängerte harte Strahl der ersten Rükkenflosse fast wie ein Schwanzstachel aussieht.

Schnepfenmesserfisch

Aeoliscus strigatus, GÜNTHER 1861

Synonyme:	*Amphisile scutata*, BLEEKER 1851 *Amphisile strigata*, GÜNTHER 1861 *Amphisile comis*, MACLEAY 1979

Razorfish, Shrimpfish

Körperform:	schlank, seitlich zusammengedrückt; langer spitzer Kopf, Maul endständig, am Ende des Körpers befindet sich ein harter Stachel, der aus dem ersten Strahl der Rükkenflosse gebildet wird, der Rest der Rükkenflosse befindet sich an der Körperunterseite zusammen mit allen anderen Flossen; lediglich die Brustflosse sitzt an der Seite
Größe:	bis 10 Zentimeter
Farbkleid:	mittelbraun, Flossen transparent, dunkle Querstreifen
Verbreitung:	Westlicher Indo-Pazifik, Rotes Meer

Geisterpfeifenfische/ *Solenostomidae*

Ordnung: Stichlingsfische/ *Gasterosteiformes*
Unterordnung: Seenadelartige/ *Syngnathoidei*

Die Geisterpfeifenfische sind Verwandte der Seenadeln und Seepferdchen. Sie tarnen sich perfekt und sind deshalb fast nicht zu entdecken.

Von dieser Familie ist nur eine Gattung *(Solenostomus)* mit fünf Arten bekannt, die in den flachen Zonen des Indopazifiks lebt. Das Farbkleid kann sich bei der gleichen Art im Grundton unterschiedlich zeigen.

Geisterpfeifenfische erreichen eine Länge von maximal 15 Zentimetern und verfügen, im Verhältnis zum Körper, über dicke, große Flossen, die zwischen den Strahlen tief ausgezackt sind. Ihre lang ausgestreckte Schnauze ist mit einem seenadeltypischen kleinen Maul versehen. Durch fetzenähnliche Hautanhängsel verschmelzen die Geisterpfeifenfische fast vollkommen mit der Rifflandschaft. Daß ihr Aufenthaltsort außerdem meist zwischen Algen verborgen liegt, macht es zusätzlich schwer, sie zu entdekken.

Bei den Weibchen sind die Brustflossen mit dem Körper verbunden. In diese »Tasche« legt es die Eier, die an kleinen Fäden haftend nicht verlorengehen können. Abweichend von den Seenadeln, bei denen die Männchen die Brutpflege übernehmen, umsorgt bei den Geisterpfeifenfischen das Weibchen die Eier bis zum Schlüpfen der Jungen.

Aufgrund ihrer skurrilen Körperform sind die Geisterpfeifenfische beliebte Fotomotive für Macro-Fotografen.

Fetzenfisch/Geisterpfeifenfisch

Solenostomus armatus

Synonyme: –

Armored Pipefish, Armored Ghostpipefish

Körperform:	lang, dünn, mit Stacheln besetzt; extrem langer Kopf, Maul endständig, überdimensional ausgebildete Rücken- und Brustflossen, breite Schwanzflosse, verkümmerte zweite Rücken- und Bauchflosse
Größe:	bis 12 Zentimeter
Farbkleid:	rot mit weißer Maserung, mehrere helle Schwanzspitzen
Verbreitung:	westlicher Indopazifik

Krötenfische/ *Antennariidae*

Ordnung: Armflosser/ *Lophiiformes*
Unterordnung: Krötenfischartige/ *Antennarioidei*

Krötenfische sind Boden- beziehungsweise Riffbewohner der tropischen Meere, deren ausgezeichnetes Tarnvermögen von höchster Perfektion zeugt. Wie die Steinfische sind auch sie sehr bewegungsfaul und warten auf vorbeischwimmende Beute.

Je nach Art erreichen Krötenfische eine Größe zwischen zwei und 33 Zentimetern. Ihr schuppenloser Körper ist von unförmiger Gestalt. Die Brust- und Bauchflossen haben sich zu armähnlichen Gebilden entwickelt, mit denen sie sich, vergleichbar der Schrittfolge eines Pferdes, im Kreuzgang (langsam) oder im Galopp (nicht ganz so langsam) voran bewegen können. Meistens aber lauern sie in ihrem Versteck und klammern sich zwischen Korallenverästelungen fest.

Sie sind in der Lage, ihr Farbkleid der Umgebung anzugleichen; sogar unter der Berücksichtigung von Farbmustern. Diese Anpassung erfolgt jedoch nicht so schnell wie z. B. bei einem Oktopus, was dazu führt, daß Krötenfische sich lange am gleichen Ort aufhalten. Haben sie sich erst einmal richtig getarnt und in die Rifflandschaft eingefügt, sind sie sowohl für den Taucher als auch für vorbeischwimmende Fische kaum zu erkennen.

Glückt das trotzdem zufällig, fällt als erstes ein besonders langer, erster Rückenflossenstrahl ins Auge, der wie eine »Angel« weit nach vorne ragt und an seinem Ende mit kleinen Hautfetzen bestückt ist. Mit dieser Angel versucht der Krötenfisch seine Beute zu ködern. Schwimmt ein Fisch dicht genug heran, weil ihn der Köder interessiert, wird er von dem großen Maul blitzschnell eingesaugt. Dabei schreckt der Krötenfisch selbst vor Fischen, die seiner eigenen Größe nahekommen, nicht zurück. Diese einzigartige Jagdmethode brachte ihm auch den Namen »Angler«-Fisch ein.

Ähnlich den Igelfischen kann diese Familie ihren Magen bei Gefahr mit Wasser vollpumpen und somit die Körperform vergrößern.

Unklarheit herrscht über die Vermehrung der solitär lebenden Krötenfische. Über Paarungstreffen ist nichts bekannt. G. R. Allen berichtet von einer Selbstbefruchtung in Aquarien gehaltener Tiere, die ihre Eier an gelatineartigen Bändern am Körper mit sich tragen. Beobachtungen in freier Natur konnten dazu noch nicht gemacht werden.

Krötenfisch

Antennarius hispidus, BLOCH & SCHNEIDER

Synonyme:	–

Fishing Frog, Shaggy Angler

Körperform:	rundlich plump; Brustflossenstiel verlängert, Kopf unregelmäßig geformt, keine Schuppen, kleine »Angel« am Ende eines einzeln stehenden Strahles auf der Schnauze
Größe:	bis 15 Zentimeter
Farbkleid:	weiß
Verbreitung:	Indo-Pazifik

Stachelfische/*Holocentridae*

Ordnung: Schleimkopfartige/*Beryciformes*
Unterordnung: Schleimkopffische/*Berycoidei*

Die Familie der Stachelfische gliedert sich in zwei Unterfamilien: die Eichhornfische *Holocentrinae* und die Soldatenfische *Myripristinae.*

Die Soldatenfische werden auch oft als Husarenfische bezeichnet. Die Eichhornfische verdanken ihren Namen ihrer Streifenzeichnung, die sie mit einer nordamerikanischen Eichhörnchenart gemeinsam haben.

Alle Stachelfische besitzen auffällig große Augen und eine tiefrote Färbung, die auf ihre Nachtaktivität hindeuten. Auf ihren nächtlichen Streifzügen suchen sie zwischen den Korallen nach Würmern, Krebsartigen und kleinen schlafenden Fischen. Soldatenfische gehen dabei auch im Freiwasser auf Beutefang. Tagsüber halten sie sich in Überhängen und Höhlen versteckt, in denen sie kaum wahrzunehmen sind. Dort stehen die Soldatenfische in Gruppen fast militärisch ausgerichtet beieinander und machen so ihrem Namen alle Ehre.

Eichhornfische leben meist einzeln oder paarweise und mischen sich oft zwischen die Soldatenfische. Sie sind sehr stachelig, mit 11 harten Strahlen der Rückenflosse, 4 der Afterflossen und einem Dorn auf den Wangen sowie rauhen Schuppen. Im Gegensatz zu den Soldatenfischen zeigt ihr Farbkleid helle Längsstreifen.

Interessant ist vor allem das Balzverhalten der Stachelfische. Männchen und Weibchen schwimmen in immer enger werdenden Kreisbewegungen aufwärts. Kurz bevor sie die Wasseroberfläche erreichen, schlagen sie mit den Schwänzen gegeneinander und schießen von dannen. Das ist der Moment, in dem die Eier abgelegt werden, die ein winziges Öltröpfchen vor dem Absinken schützt. Dieses Spiralschwimmen wiederholt sich 4- bis 6mal am Tag und wird etwa eine Woche lang zelebriert. Im Freiwasser schwimmender Laich stellt für viele andere Fische eine leicht zu fangende Köstlichkeit dar. Deshalb produziert das Weibchen zur Arterhaltung bei jeder Paarung unzählige Eier.

Karibischer Eichhörnchenfisch

Holocentrus rufus, WALBAUM 1792

Synonyme: –

Longspine Squirrelfish

Körperform:	schlank; langer Schwanzstiel, gegabelte Schwanzflosse, auffallende Rückenflossenstrahlen, große Augen
Größe:	bis 26 Zentimeter
Farbkleid:	rot, vereinzelt weiße Flecken, Flossen z. T. transparent
Verbreitung:	westlicher Atlantik

Großer Soldatenfisch

Adioryx spinifer, FORSKÅL

Synonyme: *Sargocentron spinifer*, FORSKÅL 1775
Sciaena spinifera, FORSKÅL 1775
Holocentrum leo, CUVIER & VALENCIENNES
Holocentrum spiniferum, CUVIER 1829
Holocentrum binotatum, QUOY & GAIMARD 1834
Holocentrum andamense, DAY 1870

Scarlet-fin Soldierfish, Scarlet-fin Squirrelfish, Spiny Squirrelfish

Körperform: hoch gebaut, seitlich abgeflacht; Stirn schräg abfallend, Rückenflosse weit hinten angesetzt, auffallend langer Schwanzstiel
Größe: bis 45 Zentimeter
Farbkleid: rot, Flossen cremefarben bis weiß
Verbreitung: Indo-Pazifik, Rotes Meer

Schwarzbinden-Soldatenfisch

Myripristis adustus, BLEEKER 1873

Synonyme: –

Blacktip Soldierfish, Blue Squirrelfish

Körperform: spindelförmig, kräftig; langer Schwanzstiel, große Augen
Größe: bis 32 Zentimeter
Farbkleid: rötlich/silbern, dunkler Fleck auf dem Kiemendeckel, Rücken-, Schwanz- und Analflossen schwarz-rot gesäumt, Brust- und Bauchflossen hell
Verbreitung: Indo-Pazifik

Roter Soldatenfisch

Myripristis axillares, CUVIER & VALENCIENNES 1831

Synonyme: *Myripristes murdjan*, FORSKÅL 1775
Sciaena murdjan, FORSKÅL 1775
Myripristes seychellensis, CUVIER & VALENCIENNES 1831
Myripristes berndti, JORDAN & EVERMANN 1902

White-edge Soldierfish

Körperform: schlank, kräftig, leicht hochgebaut; gegabelte Schwanzflosse, Rückenflosse weit hinten angesetzt
Größe: bis 27 Zentimeter
Farbkleid: rot, auffällige schwarze Querbinde hinter dem Kiemendeckel, Rücken-, Schwanz-, After- und Bauchflossen haben einen feinen weißen Saum
Verbreitung: westlicher Indo-Pazifik, Rotes Meer

Karibischer Soldatenfisch

Myripristis jacobus, CUVIER 1829

Synonyme: *Myripristis lychnus*, POEY 1860
Myripristis viridensis, TROSCHEL 1866

Blackbar Soldierfish

Körperform: gedrungen, kräftig; auffallende Rückenflossenstacheln, große Augen, kurze schwarze Querbinde hinter dem Kiemendeckel
Größe: bis 30 Zentimeter
Farbkleid: kräftig rot
Verbreitung: tropischer westlicher Atlantik

Barrakudas/ *Sphyraenidae*

Ordnung: Meeräschen/ *Mugiliformes*
Unterordnung: Pfeilhechte/ *Sphyraenoidei*

Barrakudas sind gefürchtete Räuber der Hochsee, die große Mengen von Fisch verzehren und gelegentlich auch an den Riffen der tropischen Meere auftauchen. Man unterscheidet etwa 20 Arten, die alle der Familie *Sphyraenidae* angehören.

Der Körper ist torpedoartig langgestreckt. Die Kopfform erinnert an die uns bekannten Hechte des Süßwassers. Das Maul ist mit einem ausgeprägtem Gebiß versehen, das starke, kegelförmige Zähne aufweist. Die beiden Rückenflossen, von denen die erste harte Strahlen besitzt, liegen weit auseinander.

Die meisten Arten erreichen eine Länge bis zu 1,5 Meter. Der Indomalayische Barrakuda *(Sphyraena jello)* und der Große Barrakuda *(Sphyraena barracuda)* können bis zu 3 Meter lang werden.

Barrakudas leben solitär. Nur zur Laichzeit finden sie sich in größeren Schwärmen ein. Die Weibchen bringen bis zu 500 000 Eier hervor, was auf eine große Bedrohung der Jungtiere schließen läßt. Die Jungen leben zunächst im Schulverband und bevorzugen geschützte Flachwasser, oftmals nur 30 bis 50 Zentimeter tief. Auch ausgewachsene Exemplare patroullieren gelegentlich durch das seichte Wasser der Lagunen oder in Küstennähe und machen auf ihrem Beutefang selbst vor der eigenen Art nicht halt.

Im Gegensatz zu den Haien, die sich überwiegend von ihrem Geruchssinn leiten lassen, erspähen Barrakudas ihre Beute vornehmlich visuell. Dabei lassen sie sich von Bewegungen und blinkenden Teilchen leiten, was sie auch für Taucher gefährlich machen kann. Angriffe auf eine Taucheruhr oder UW-Lampe gehören durchaus nicht in den Bereich des Taucherlateins. Da die Reizschwelle des Barrakudas recht niedrig ist, können ihn plantschende Bewegungen von Badenden ebenfalls zum Angriff veranlassen. Wegen seines guten Sehvermögens stellen trübe Sichtverhältnisse ideale Jagdbedingungen für ihn dar. Seine Unberechenbarkeit macht den Barrakuda zum gefürchtetsten Jäger der Meere. Anders als beim Hai deutet nichts auf den bevorstehenden Angriff des Barrakudas hin.

Barrakudas sind bei ihrem Beutefang nicht sehr wählerisch. Auf dem Speiseplan stehen auch Fische, die Gifte enthalten, z. B. Kugelfische. Daher kann der Verzehr des ausgezeichnet schmeckenden Barrakudas hin und wieder zu Fischvergiftungen (Ciguatera) führen. Vielleicht ist dieser Fisch auch nach dem Fang gegen bestimmte Bakterien besonders anfällig, denn von Natur aus konnte noch kein Gift im Muskelfleisch nachgewiesen werden.

Barrakuda

Sphyraena baracuda, WALBAUM

Synonyme: *Sphyraena picuda,* BLOCH & SCHNEIDER

Great Barracuda, Giant Barracuda

Körperform: pfeilartig
Größe: bis 2 Meter
Farbkleid: silbrig-graublau mit dunklen Flecken an der Bauchseite
Verbreitung: West-Atlantik, Indo-Pazifik, Rotes Meer

Indomalayischer Barrakuda

Sphyraena jello, CUVIER

Synonyme: *Sphyraena putnaminae,* JORDAN & SEALE

Banded-Barracuda, Giant Sea Pike, Pickhandle Barracuda

Körperform: pfeilartig
Größe: bis 3 Meter
Farbkleid: silbrig grau-blau mit dunklen Querstreifen
Verbreitung: Indo-Pazifik, Rotes Meer

Zackenbarsche / *Serranide*

Ordnung: Barschartige / *Perciformes*
Unterordnung: Barschfische / *Percoidei*

Die Familie der Zackenbarsche umfaßt etwa 370 Arten und ist in allen tropischen Meeren sowie dem Mittelmeer zu finden.

Diese Raubfische leben solitär. Sie haben einen kräftigen Körperbau mit länglicher Form. Ihre bevorzugten Unterschlüpfe sind Höhlen und Grotten, in denen sie scheinbar träge herumliegen. Doch diese Verhaltensweise täuscht: sie sind hellwach und warten nur auf Beute, die in erster Linie aus kleinen, zu dicht vorbeischwimmenden Fischen besteht. Obwohl sie schnelle Schwimmer sind, nehmen sie nur selten eine längere Verfolgung auf.

Viele Zackenbarsche besitzen eine ausgezeichnete Tarnung, die ihnen beim Beutefang dienlich ist. Helle Pünktchen auf einer dunklen Körperoberfläche lösen die Konturen der Zackenbarsche fast völlig auf. Kleinen ahnungslosen Fischen, die in einer Höhle einen Schatz an Plankton oder Fischlarven vermuten, wird die Neugier schnell zum Verhängnis.

Einige Arten können ihr Farbkleid der Wasserfärbung anpassen. Der in der Karibik beheimatete Konny-Zackenbarsch *(Cephalopholis fulva)* ändert auch bei Erregung seine Farbe.

Zackenbarsche gibt es in allen Farbvariationen und den unterschiedlichsten Körpergrößen. Während der Riesenzackenbarsch, *Epinephelus tukula*, bis zu zwei Meter groß werden kann, erreicht der Carmabifisch, *Liopropoma carmabi*, lediglich eine Länge von fünf Zentimetern.

Fast alle Zackenbarsche sind standorttreu. Sie sind deshalb eine leichte Beute für »Unterwasserjäger«. In Gebieten, in denen das Harpunieren leider immer noch als »Sport« betrachtet wird, kennt man die goßen »Zackis« nur noch aus Erzählungen . . .

Sechsfleckenbarsch

Cephalopholis sexmaculatus, RÜPPELL

Synonyme:	*Cephalopholis coatesi*, WHITLEY

Sixspot Grouper, Six-barred Grouper

Körperform:	kräftig, hoch gebaut; breite Schwanzflosse
Größe:	bis 50 Zentimeter
Farbkleid:	rot mit blauen Punkten, bis zu sechs dunkle Sattelflecken
Verbreitung:	Indo-Pazifik, Rotes Meer
Sonstiges:	Farbvarianten mit hellerer Körpermitte sind nicht selten

Juwelenbarsch

Cephalopholis miniatus, FORSKÅL 1775

Synonyme:	*Perca miniata*, FORSKÅL 1775 *Pomacentrus burdi*, LACÉPÉDE *Serranus cyanostigmatoides*, BLEEKER 1849

Blue-spotted Rockcod, Coral Trout

Körperform:	gedrungen; breite Schwanzflosse, zwei Rückenflossen, erste Rückenflosse deutlich gezackt
Größe:	bis 45 Zentimeter
Farbkleid:	rot, blaue Tupfen, Farbvarianten mit hellen Sattelflecken sind möglich
Verbreitung:	westlicher Indo-Pazifik, Rotes Meer

Baskenmützenbarsch

Epinephelus fasciatus, FORSKÅL

Synonyme:	*Epinephelus marginalis*, BLOCH *Epinephelus emoryi*, SCHULTZ

Blacktipped Grouper, Blacktip Rockcod

Körperform:	kräftig bis schlank
Größe:	bis 35 Zentimeter
Farbkleid:	weiß mit leuchtend rotem Fleck auf dem Kopf; Farbvarianten mit mehreren roten Flecken und breiten Querbinden sind möglich
Verbreitung:	Indo-Pazifik, Rotes Meer, Karibik

Marmorierter Zackenbarsch

Epinephelus microdon, BLEEKER

Synonyme: *Epinephelus fuscoguttatus*, FORSKÅL
Serranus microdon, BLEEKER

Mottled Grouper, Camouflage Grouper

Körperform: gedrungen, kräftig; breite Schwanzflosse
Größe: bis 90 Zentimeter
Farbkleid: mittelbraun, dunkel marmoriert, Bauchseite gepunktet
Verbreitung: Pazifik, Rotes Meer

TG 34;

Malabar Riffbarsch

Epinephelus salmonoides, LACEPEDE

Synonyme: *Epinephelus salmoides*, LACEPEDE

Malabar Reef-cod

Körperform: schlank, kräftig; breite Schwanzflosse
Größe: bis 90 Zentimeter
Farbkleid: hellbraun, dunkelbraune Flecken, teilweise mittelbraune Sattelflecken, die noch aus dem Übergangsfarbkleid der juvenilen Form stammen
Verbreitung: Indo-Pazifik, Rotes Meer

Nassau Zackenbarsch

Epinephelus striatus

Synonyme: –

Nassau Grouper

Körperform:	kräftig, leicht hochgebaut
Größe:	bis 30 Zentimeter
Farbkleid:	beige, auffallend breite, dunkelbraune Querstreifen, am Kopf als Längsstreifen
Verbreitung:	westlicher Atlantik

x Riesenzackenbarsch

Epinephelus tukula, MORGANS

Synonyme: –

Potato Bass

Körperform:	kräftig, hoch gebaut; breite Schwanzflosse
Größe:	bis 2,3 Meter
Farbkleid:	grau mit schwarzen Flecken an Kopf, Körper und Flossen
Verbreitung:	westlicher Indo-Pazifik, Rotes Meer

TG 35;

Leopardenbarsch

Plectropomus leopardus, LACEPEDE

Synonyme: *Holocentrus leopardus*, LACEPEDE

Leopard Coral Trout, Leopard Grouper

Körperform: schlank, kräftig; breite Schwanzflosse
Größe: bis 65 Zentimeter
Farbkleid: rotbraun, hell gepunktet
Verbreitung: Indo-Pazifik

Gelber Zackenbarsch

Plectropomus melanoleucus, LACEPEDE 1802

Synonyme: *Plectropomus laevis*
Bodianus melanoleucus, LACEPEDE 1802

Coral Trout

Körperform: kräftig; breite Schwanzflosse
Größe: ca. 100 Zentimeter
Farbkleid: weiß, 5 dunkle Sattelflecken auf dem Rücken, eine dunkle Querbinde unter dem Brustflossenansatz, hintere Körperhälfte manchmal dunkel gefleckt, Maulpartie gelblich, gelbe Flossen
Verbreitung: gesamter Indo-Pazifik

Pantherbarsch

Plectropomus truncatus, FOWLER

Synonyme: –

Squaretail Grouper

Körperform:	kräftig; breite Schwanzflosse, erste Rükkenflosse mit deutlich sichtbaren Rückenflossenstrahlen
Größe:	bis 1 Meter
Farbkleid:	mittelbraun mit dunkelblauen Punkten
Verbreitung:	Indo-Pazifik, Rotes Meer

Mondsichelbarsch

Variola albimarginata, BAISSAC

Synonyme: –

White-margined Lunartail Rockcod, Crescent-tailed Grouper

Körperform:	kräftig, leicht hochgebaut; breite mondsichelförmige Schwanzflosse
Größe:	bis 65 Zentimeter
Farbkleid:	rot, hell gepunktet, Schwanzflosse hell gesäumt
Verbreitung:	Indo-Pazifik

Gelbsaum Juwelenbarsch

Variola louti

Synonyme: –

Lunartail Rockcod, Moontail Rockcod, Lyretail Grouper

Körperform:	kräftig
Größe:	bis 80 Zentimeter
Farbkleid:	zumeist helle Bauchseite, nach oben ins Rote übergehend, helle Punkte über Körper und Flossen, Rücken- und Schwanzflossen sanft geschwungen, Flossensäume oft gelb
Verbreitung:	Indo-Pazifik, Rotes Meer
Sonstiges:	bei dieser Art sind viele Farbvarianten beobachtet worden

Seifenfische/ *Grammistidae*

Ordnung: Barschfische/ *Perciformes*
Unterordnung: Barschartige/ *Percoidei*

Die recht kleine Familie der Seifenfische steht in naher Verwandtschaft zu den Zackenbarschen *(Serranidae)*. Es gibt ungefähr 24 verschiedene Arten, die alle die Riffe der tropischen Meere besiedeln.

Sie besitzen die typische Barschform, sind jedoch etwas kleiner und bulliger als die Zackenbarsche. Die Rücken- und Afterflosse weisen kräftige, kurze Strahlen auf. Der Unterkiefer des breiten Maules ist leicht wulstig und zeigt bei einigen Arten einen nach unten gerichteten Hautfortsatz. Ihre Größe überschreitet nur selten eine Länge von 25 Zentimeter.

Seifenfische benetzen ihr Schuppenkleid mit einer Schleimschicht und können bei Gefahr größere Mengen davon erzeugen. Die Schleimschicht enthält Grammistin und wirkt auf andere Fische toxisch, was dazu führt, daß Raubfische einen gefangenen Seifenfisch wieder ausspeien. Außerdem wird jeder Raubfisch, der einmal einen Seifenfisch im Maul hatte, sich diesen Fisch als ungenießbar merken. Die leuchtenden Farben der Seifenfische erleichtern das: sie wirken wie ein Warnsignal.

Die Namensgebung kommt aus dem Englischen (Soapfishes) und basiert auf der Tatsache, daß Seifenfische in Streßsituationen durch überhöhte Schleimproduktion das Wasser kleiner Aquarien zum Schäumen bringen können.

Die einzeln oder paarweise lebenden Fische stehen gerne in der Strömung, verlieren dabei aber nie das schützende Riff aus den Augen. Die Ernährung der Seifenfische besteht in der Hauptsache aus kleinen Fischen und Krebsartigen.

Tüpfelseifenfisch

Pogonoperca punctata, VALENCIENNES

Synonyme:	–

Speckled Soapfish, Clown Grouper

Körperform:	kräftig, hochgebaut; breiter Schwanzstiel
Größe:	bis 35 Zentimeter
Farbkleid:	mittelbraun, weiße Punkte, vier dunkelbraune Sattelflecken, schwarzer, gelb gesäumter Fleck auf dem Kiemendeckel
Verbreitung:	westlicher Indo-Pazifik

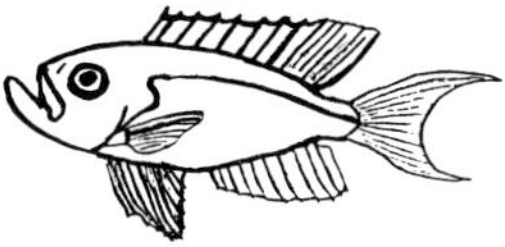

Bullaugen/ *Priacanthidae*

Ordnung: Barschartige/ *Perciformes*
Unterordnung: Barschfische/ *Percoidei*

Bullaugen verfügen über einen hohen Körperbau mit auffällig großen Augen, was auf ihre Nachtaktivität hinweist. Sie suchen das Riff während der Dunkelheit nach kleinen Krebstieren und Fischen ab. Tagsüber findet man sie meist in Höhlen, in denen sie sich in kleinen Schwärmen verborgen halten. Aufgrund der roten Färbung, die bei schlechten Sichtverhältnissen oder im Dämmerlicht als grauschwarz erscheint, fallen sie kaum auf und können vielfach nur mit einer UW-Lampe ausgemacht werden. Die Bauchflossen sowie der Saum der After- und Schwanzflossen weisen bei einigen Arten eine schwarze Färbung auf.

Nachts verliert sich die starke Rotfärbung der Bullaugen etwas und bekommt einen leichten Silberschimmer.

Bullaugen werden maximal 60 Zentimeter groß und bewohnen alle tropischen Meere. Die Larven halten sich längere Zeit im Freiwasser auf. Dadurch können sie von den oft sehr starken Meeresströmungen über weite Strecken befördert werden: die Verbreitung der Bullaugen nimmt dadurch zu. Erst die adulten Fische suchen Riffe auf und bevölkern sie in Tiefen zwischen 10 und 25 Metern.

Auf Hawaii ist dieser Fisch eine beliebte Speise. Er wird als »Alalua« serviert.

Bullaugen werden in der Literatur häufig Soldaten- oder Husarenfische genannt. Manchmal tauchen sie auch unter dem Namen Großaugenbarsche auf.

Großaugenbarsch

Priacanthus hamrur, FORSKÅL

Synonyme:	*Priacanthus alalua*, JORDAN & EVERMANN *Priacanthus speculum*, VALENCIENNES

Lunar-tailed Bullseye, Crescent-tail Bigeye

Körperform:	länglich gedrungen; große Augen
Größe:	bis 45 Zentimeter
Farbkleid:	dunkelrot
Verbreitung:	Indo-Pazifik, Rotes Meer
Besonderheit:	Die Abbildung zeigt eine seltene Schwarmbildung zwischen *P. hamrur* und *P. macracanthus*. Bildmitte: Großaugenbarsch

Bullaugenbarsch

Priacanthus macracanthus, CUVIER

Synonyme: –

Bulls Eye Perch, Red Bulleye

Körperform:	länglich gedrungen; große Augen
Größe:	bis 25 Zentimeter
Farbkleid:	dunkelrot, schwarze Flecken entlang der Seitenlinie
Verbreitung:	Indo-Pazifik, Rotes Meer

Kardinalfische/*Apogonidae*

Ordnung: Barschartige/*Perciformes*
Unterordnung: Barschfische/*Percoidei*

Kardinalfische sind in der Regel schlanke Tiere, die ihrer manchmal knallroten Färbung den Namen verdanken. Große Augen weisen sie als hauptsächlich nachtaktiv aus. Tagsüber sind sie unter Felsvorsprüngen oder in Höhlen zu finden. Bei genauem Hinsehen stellen wir fest, daß diese Tiere eine zweigeteilte Rückenflosse haben. Diese ist im vorderen Bereich mit Stacheln versehen.

Die Kardinalfische sind hauptsächlich in den Tropen zu Hause. Dort finden sie in den Korallenriffen unzählige Möglichkeiten, um sich tagsüber zu verstecken. Nur wenige Arten, wie z. B. der Meerbarbenkönig *(Apogon imberbis)* besiedeln das Mittelmeer. Die von ihnen bevorzugte Nahrung – Fischlarven, kleinere Fische und Krebse – ist sowohl im Mittelmeer als auch in den tropischen Gewässern reichlich vorhanden.

Sehr selten werden Kardinalfische alleine angetroffen. Zumeist finden wir sie in größeren Verbänden.

Bei den Kardinalfischen unterscheiden wir zwischen 26 Gattungen mit 192 verschiedenen Arten, von denen viele Maulbrüter sind. Hierbei ist dann das Männchen für die Brutpflege zuständig.

Nicht alle Arten sind, wie oben bereits erwähnt, rot. Viele Arten haben sich dem Untergrund angepasst, der ihnen als Lebensumfeld dient. Einige Kardinalfische bevorzugen sogar überhaupt keine Färbung, wie z. B. der Glaskardinal (s. Abbildung S. 131)

Doppelstreifen-Kardinalbarsch

Apogon spec.

Synonyme: –

Split-banded Cardinalfish

Körperform: schlank
Größe: bis 11,5 Zentimeter
Farbkleid: hellbraun mit 5 bis 7 dunkelbraunen Längsstreifen
Verbreitung: westlicher Indo-Pazifik
Sonstiges: die gezeigte Abbildung ist eine Nachtaufnahme

Einstreifen-Kardinal

Apogon fraenatus, VALENCIENNES 1832

Synonyme:	*Apogon snyderi*, JORDAN & EVERMANN *Apogon kallopterus*, BLEEKER

Spinyhead Cardinalfish, Cridescent Cardinalfish

Körperform:	schlank
Größe:	bis 15 Zentimeter
Farbkleid:	silbern, ein dunkler Längsstreifen über den ganzen Körper, ein dunkler Fleck auf dem Schwanzstiel, erste Rückenflosse gelblich
Verbreitung:	westlicher Indo-Pazifik, Rotes Meer

Glaskardinal

Apogon spec.

Synonyme: –

Cardinalfish, Percelle

Körperform:	oval; langer Schwanzstiel, zwei Rückenflossen
Größe:	bis 8 Zentimeter
Farbkleid:	rötlich transparent, große, dunkle Augen
Verbreitung:	Indo-Pazifik

Gestreifter Kardinalfisch

Cheilodipterus lineatus, LINNAEUS

Synonyme: *Cheilodipterus macrodon*

Tiger Cardinalfish, Percelle

Körperform:	spindelförmig
Größe:	bis 22 Zentimeter
Farbkleid:	silbergrau mit 9 bis 11 dunklen Längsstreifen
Verbreitung:	Indo-Pazifik, Rotes Meer

Pferdemakrelen/ *Carangidae*

Ordnung: Barschartige/ *Perciformes*
Unterordnung: Barschfische/ *Precoidei*

Ein großes Spektrum an verschiedenen Formen finden wir unter den etwa 200 Arten der Pferdemakrelen. Da diese Fische meist im Freiwasser als Schwarm auftreten, tarnen sie sich durch grünblaue, metallische Farbtöne.

Auch ihre Körperform ist dem Hochseeleben angepaßt. Um einerseits ihren Feinden entkommen zu können, andererseits aber selbst zum Jagen in der Lage zu sein, besitzen sie einen spindelförmigen Körper, der sie zu schnellen Schwimmern macht (bis 50 km/h).

Von der zweigeteilten Rückenflosse kann der vordere Teil zurückgelegt werden. Der hintere Teil weist oft zwei getrennte, harte Flossenstrahlen auf. Die schlanke Schwanzwurzel der Pferdemakrelen geht in einen tiefgegabelten Schwanz über.

Interessant sind auch die von diesen Fischen entwickelten Jagdmethoden, die Prof. IRENÄUS EIBL-EIBESFELDT beobachtet und in seinem Buch »Die Malediven« beschrieben hat. Pferdemakrelen ernähren sich hauptsächlich von kleinen heringsartigen Fischen. Da aus einem Schwarm heraus schlecht Beute zu machen ist – der Räuber kann nicht blindlings in einen Schwarm hineinschießen, sondern muß sein Ziel immer genau anvisieren – kreisen die Pferdemakrelen einen Schwarm zunächst ein und versuchen einzelne Fische von der Gruppe zu trennen. Diese können dann leicht geschnappt werden.

Jungfische suchen gerne den Schutz von Nesselquallen auf, deren Keimdrüsen ihnen als Nahrung dienen.

Streifenmakrele

Carangoides ferdau, FORSKÅL

Synonyme: *Caranx ferdau*, FORSKÅL
Carangoides orthogrammus, JORDAN & GILBERT

Horse Mackerel, Ferdau's Trevally, Forskål's Jack Fish

Körperform: spindelförmig, hochgebaut; sichelförmige Schwanzflosse, seitlich abgestellte Brustflossen, Rücken- und Analflossen spitz zulaufend
Größe: bis 60 Zentimeter
Farbkleid: silbern mit dunklen breiten Querstreifen
Verbreitung: Indo-Pazifik, Rotes Meer

Pferdemakrele

Caranx bixanthopterus, RÜPPELL

Synonyme: *Caranx melampygus*, CUVIER

Blue Jackfish, Spotted Trevally, Blue Kingfish

Körperform: schlank, hochgebaut, seitlich abgeplattet; Rücken- und Analflossen spitz zulaufend, Brustflossen seitlich abgespreizt und säbelartig geschwungen, Schwanzflosse sichelartig, kräftiges Gebiß
Größe: bis 80 Zentimeter
Farbkleid: silbrig, blau gesprenkelt, Bauchseite weiß
Verbreitung: Pazifik, Rotes Meer

Stachelmakrele

Caranx elacate, JORDAN & EVERMANN

Synonyme: –

Large-mouth Trevally

Körperform: schlank, nach hinten spitz zulaufend, sichelartige Brustflossen seitlich abgespreizt, Schwanzflosse gegabelt, erste Rückenflosse mit drei auffallenden Strahlen, knöcherne Spitzen entlang der Seitenlinie in der hinteren Körperhälfte
Größe: bis 1 Meter
Farbkleid: bläulich-silbern
Verbreitung: Indo-Pazifik

Gelbe Stachelmakrele

Caranx spec.

Synonyme: –

Körperform: schlank, hochgebaut; Brustflossen seitlich abgespreizt, sichelförmige Schwanzflosse
Größe: bis ca. 60 Zentimeter
Farbkleid: einfarbig leuchtend gelb
Verbreitung: westlicher Indo-Pazifik
Sonstiges: bei der gezeigten Aufnahme handelt es sich möglicherweise um eine Farbvariante von *Caranx ferdau*

Zweipunktmakrele

Trachinotis bailloni, LACEPEDE

Synonyme: *Caesiomorus quadripunctatus*, RÜPPELL

Black-spotted Swallowtail, Ladyfish, Baillon's Dart

Körperform: schlank, leicht hochgebaut; stark gegabelte Schwanzflosse, Rücken- und Analflosse auffallend lang und geschwungen
Größe: bis 60 Zentimeter
Farbkleid: silbern, Flossen dunkel, zwei schwarze Punkte nebeneinander liegend in Höhe der Seitenlinie (Körpermitte)
Verbreitung: Indo-Pazifik, Rotes Meer

Schnapper/*Lutjanidae*

Ordnung: Barschartige/*Perciformes*
Unterordnung: Barschfische/*Percoidei*

Die Familie der Schnapper teilt sich in etwa 300 Arten auf, die man zu 20 Gattungen zusammenfaßt. Schnapper kommen in allen tropischen Gewässern außer dem östlichen Pazifik vor. Meist trifft man sie in Schwärmen an. Sie halten sich vorwiegend im freien Wasser auf, sind aber auch in der Nähe von Korallenriffen anzutreffen. Ihr großes Maul, besetzt mit zwei Reihen spitzer Zähne, sowie das lange, dreieckige Kopfprofil verleihen ihnen die typische Schnapperform. Die Nahrung besteht hauptsächlich aus kleinen Fischen und kleinen Krebsen.

Exemplare der Art *Lutjanus kasmira,* Goldstreifenschnapper, bieten einen beeindruckenden Anblick, wenn sie scheinbar reglos unter einem Felsvorsprung formiert Schutz vor starker Strömung suchen.

Schnapper werden oft auch als Füsilierfische bezeichnet.

Königsschnapper

Aprion virescens, VALENCIENNES

Synonyme: –

King Snapper, Green Jobfish, Streaker

Körperform: spindelförmig, Kopf nach vorne abgerundet
Größe: bis 1 Meter
Farbkleid: grünlich bis mittelblau, dunkle Punkte an der Rückenflossenbasis
Verbreitung: Indo-Pazifik

Schnapper

Lutjanus bohar, FORSKÅL 1775

Synonyme: –

Red Snapper, Red Mumea, Two-spot Sea Perch

Körperform: kräftig; breite Schwanzflosse, Augen hoch angesetzt, tief eingeschnittenes Maul
Größe: bis 90 Zentimeter
Farbkleid: silbrig, Flossen schwarz bis dunkelrot, Farbvariante mit transparenten Flossen und zwei weißen Flecken an der Rückenflossenbasis
Verbreitung: Indo-Pazifik, Rotes Meer

Goldstreifenschnapper

Lutjanus kasmira, FORSKÅL 1775

Synonyme: *Sciaena kasmira*, FORSKÅL 1775
Holocentrus bengalensis, BLOCH 1790
Holocentrus quinquelinearis, BLOCH 1790
Diacope octolineata, CUVIER & VALENCIENNES 1828
Diacope notata, CUVIER & VALENCIENNES 1828
Diacope decemlineata, CUVIER & VALENCIENNES 1830
Mesoprion pomacanthus, BLEEKER 1855
Lutianus spilurus, FOWLER 1931

Blue-banded Snapper, Blue-banded Husar, Moonlighter

Körperform: schlank, leicht hochgebaut; Kopf spitz zulaufend
Größe: bis 40 Zentimeter
Farbkleid: gelb, Bauchseite weiß, 4 leuchtend blaue Längsstreifen, Flossen ebenfalls gelb
Verbreitung: Indo-Pazifik, Rotes Meer

Buckelschnapper

Lutjanus gibbus, FORSKÅL 1775

Synonyme: –

Humpback Snapper, Hunched Snapper

Körperform: schlank, mit auffallendem »Buckel«
Größe: bis 40 Zentimeter
Farbkleid: silbern, rotes Maul, Brust-, Bauch-, After-, Rücken- und Schwanzflossen ebenfalls rot
Verbreitung: westlicher Indo-Pazifik, Rotes Meer

Schwarzer Schnapper

Macolor niger, FORSKÅL 1775

Synonyme: *Sciaena niger*, FORSKÅL 1775
Diacope macolor, LESSON 1827
Macolor macularis, FOWLER 1931

Black Beauty, Mottled Snapper

Körperform: kräftig, hochgebaut; Kopf stark abgerundet
Größe: bis 75 Zentimeter
Farbkleid: blau-grün silbrig, Augen auffallend gelb, schwarze Lippen, Flossen schwarz
Verbreitung: Indo-Pazifik, Rotes Meer
Sonstiges: Die Abbildung rechts unten zeigt den *Macolor niger* in seinem jugendlichen Farbkleid. Auch die unterschiedliche Körperform wird bei dieser seltenen Aufnahme deutlich.

Einfarbenschnapper

Lutjanus monostigma, CUVIER

Synonyme:	*Mesoprion monostigma*, CUVIER & VALENCIENNES

Red Snapper, One-spot Snapper

Körperform:	kräftig, langgestreckt; Kopf spitz zulaufend
Größe:	bis 60 Zentimeter
Farbkleid:	schwach rötlich-silbern mit gelben Flossen
Verbreitung:	westlicher Indo-Pazifik, Rotes Meer

Rötlinge/*Anthiidae*

Ordnung: Barschartige/*Perciformes*
Unterordnung: Barschfische/*Percoidei*

Die Arten der Gattung *Anthias* wurden eine zeitlang zur Familie der Zackenbarsche gerechnet. Heute ist man jedoch dazu übergegangen, sie als eigenständige Familie zu betrachten.

Rötlinge, auch als Fahnenbarsche bekannt, leben in teilweise sehr großen Verbänden zusammen. Diese Schwärme finden wir dicht an der Riffkante. Sie verziehen sich im Augenblick der Gefahr schnell in kleine Höhlen, aus denen sie, sobald die »Luft rein« ist, ähnlich einem Feuerwerk, blitzschnell wieder hervorkommen. Ihre ungemein kräftige Färbung macht Rötlinge zu einem beliebten Motiv für Unterwasserfotografen.

Eine Besonderheit der Rötlinge, die sie nur mit wenigen Tierarten teilen, besteht darin, daß sie ihr Geschlecht wandeln können: sind in einer Schwarmgemeinschaft zu wenig Männchen, so verwandeln sich Weibchen in geschlechtsfähige Männchen.

Die Ernährung der Rötlinge besteht hauptsächlich aus tierischem Plankton.

Juwelen-Fahnenbarsch

Anthias squamipinnis, PETERS 1855

Synonyme:	*Serranus squamipinnis*, PETERS 1855
	Anthias cheirospilos, BLEEKER 1857
	Anthias lepidolepis, BLEEKER 1857
	Anthias gibbosus, KLUNZINGER 1884

Orange Sea Perch, Sea Godie, Lyretail Coralfish

Körperform:	oval, gedrungen; Schwanzflosse gegabelt
Größe:	bis 10 Zentimeter
Farbkleid:	rötlich bis lila, männl. Tiere sind farbintensiver
Verbreitung:	Indo-Pazifik, Rotes Meer
Besonderheit:	weibliche Tiere sind an der »einfachen« Rückenflosse zu erkennen (siehe Abb. rechts unten), bei männlichen Exemplaren dagegen sind der zweite und dritte Rückenflossenstrahl zu »Wimpeln« verlängert (siehe Abb. rechts oben).

Rotflossen-Fahnenbarsch

Mirolabrichthys ignitus

Synonyme: –

Flame Basslet

Körperform:	spindelförmig; Schwanz gegabelt
Größe:	bis 10 Zentimeter
Farbkleid:	orangerot, roter Punkt an der Brustflossenbasis, Schwanzflosse transparent, rot gesäumt, gelbe Linie zwischen Auge und Brustflossenbasis, Rückenflosse im hinteren Bereich an der Basis cremefarben
Verbreitung:	Indo-Pazifik

Füsiliere/ *Caesiodidae*

Ordnung: Barschartige/ *Perciformes*
Unterordnung: Barschfische/ *Percoidei*

Die Familie der Füsiliere zählt zu den Schnapperfischen. Ihr Körper ist jedoch feingliedriger als der der Schnapper, so daß sie als eigenständige Familie angesehen werden. Eine tiefgegabelte Schwanzflosse und biegsame, schlanke Rücken- und Afterflossen sind ein weiteres Unterscheidungsmerkmal.

Ansonsten leben Füsiliere genau wie die *Lutjanidae* in großen Schwärmen entlang der Korallenriffe. Hier bevorzugen sie ebenfalls das offene Gewässer und begeben sich fast nie ins flache Lagunenwasser.

In der Regel sind Füsiliere tagesaktive Fische und folglich meist hell gefärbt. Nur einige wenige Arten sind auch nachts aktiv. Diese Arten haben eine dunklere Färbung.

Die Ernährungsgewohnheiten der Füsiliere sind identisch mit denen der Schnapperfische: vor allem Krebsartige sind eine bevorzugte Beute.

Blau-Goldener Füsilier

Caesio caerulaureus, LACEPEDE

Synonyme: –

Blue and Gold Fusilier, Gold-banded Fusilier

Körperform:	schlank
Größe:	bis 30 Zentimeter
Farbkleid:	blau-silber mit goldenen Längsstreifen, schwarze Schwanzspitzen
Verbreitung:	Indo-Pazifik

Schwanzfleck-Füsilier

Caesio lunaris

Synonyme: –

Lunar Fusilier

Körperform:	spindelförmig; gegabelter Schwanz
Größe:	bis 30 Zentimeter
Farbkleid:	hellblau-silbrig, Schwanzflossenspitzen schwarz
Verbreitung:	Indo-Pazifik

Gelbschwanz-Füsilierfisch

Caesio teres

Synonyme: –

Yellowtail Fusilier

Körperform:	schlank, spindelförmig; Schwanzflosse gegabelt
Größe:	bis 30 Zentimeter
Farbkleid:	Schwanzflosse und Rücken gelb, Unterseite hellblau
Verbreitung:	westlicher Indo-Pazifik

Streifenfüsilier

Caesio tile, CUVIER

Synonyme: –

Bartail Fusilier

Körperform:	spindelförmig; gegabelter Schwanz
Größe:	bis 30 Zentimeter
Farbkleid:	rötlicher Bauch, deutlich sichtbare Seitenlinie, obere Körperhälfte ins Grünliche übergehend, schwarzer Längsstreifen in der Körpermitte bis zu den Schwanzspitzen
Verbreitung:	Indo-Pazifik

Großaugen/ *Scolopsidae*

Ordnung: Barschartige/ *Perciformes*
Unterordnung: Barschfische/ *Percoidei*

Die Großaugen, die mit den Schnappern *(Lutianidae)* eng verwandt sind, werden in der Literatur auch häufig in die Familie der Scheinschnapper *(Nemipteridae)* eingereiht. In der deutschen Literatur sind diese Fische auch als Brassen bekannt. Ihr charakteristisches Merkmal ist ein nach hinten weisender Stachel, der direkt unter den großen Augen sitzt. Einige Arten verfügen über einen mit Kammschuppen bedeckten Kiemendeckel, sowie über Bauchflossen, deren erster Flossenstrahl deutlich verlängert ist. Bei den meisten Großaugen ist die obere Schwanzflossenlappe auffällig länger.

Großaugen besitzen die merkwürdige Angewohnheit, sich mit ihren Brustflossen über die Augen zu wischen. Vermutlich ist dies ein Säuberungsverhalten. Sie befreien sich auf diese Weise von Schmutz und Parasiten.

Zu Hause sind die Großaugen in allen tropischen Gewässern. Sie halten sich dort überwiegend in den Flachwasserzonen am Riff auf. Nicht selten trifft man sie auch in Lagunen an. Sie erreichen eine Größe bis zu 40 Zentimetern und ernähren sich von Plankton und Krebsartigen.

Da diese Fische meist solitär oder paarweise leben, ist selbst das Zusammentreffen mit einem kleinen Schulverband (s. Abb. rechts unten) eine große Seltenheit, d. h. ein ganz besonderes Taucherlebnis.

Goldstreifenbrasse

Gnathodentex aureolineatus, LACEPEDE

Synonyme: –

Gold-lined Bream, Large–eyed Bream, Glowfish

Körperform: spindelförmig; leicht spitz zulaufender Kopf
Größe: bis 45 Zentimeter
Farbkleid: silbrig, breite, dunkle Längsstreifen auf der unteren Körperhälfte, obere Körperhälfte dunkel mit längsstreifenartig angeordneten, punktierten Linien, gelber Rückenfleck bis zum Schwanzstiel
Verbreitung: Indo-Pazifik

Blaufleckenbrasse

Scolopsis xenochrous

Synonyme:	–

Olive-spotted Monocle Bream

Körperform:	schlank; Stirn stark abgeflacht
Größe:	bis 11 Zentimeter
Farbkleid:	hellblau-silbrig, dunkle Augen und Stirn, heller Längsstreifen auf dem Rücken, dunkle Punkte an der Seite, auffallend hellblauer, dunkel gerahmter Fleck hinter dem Kiemenbogen
Verbreitung:	westlicher Indo-Pazifik

Weichlipper/ *Plectorhynchidae*

Ordnung: Barschartige/ *Perciformes*
Unterordnung: Barschfische/ *Percoidei*

Vielen Freunden der Unterwasserwelt sind die Weichlipper auch unter der Bezeichnung »Süßlippen« bekannt. Den Namen hat diese Familie von ihren dicken vorgewölbten Lippen, welche ihr ein charakteristisches Äußeres verleihen. Weichlipper sind starkgebaute Tiere. Eine durchgezogene Seitenlinie, sowie eine lange Rückenflosse gehören zu ihren typischen Erkennungsmerkmalen.

Die Hauptverbreitungsgebiete der Weichlipper sind das Rote Meer und der Indische Ozean. Aber auch im tropischen Atlantik sind einige wenige Vertreter dieser Familie anzutreffen.

Ihr Lebensraum ist das tropische Korallenriff. Vereinzelt finden wir Weichlipper jedoch auch in Lagunen, wo sie den Sandboden nach Nahrung, d. h. bodenbewohnenden Tieren, durchsuchen.

Die jugendliche Weichlippe ist oft völlig anders gezeichnet als das ausgewachsene Tier. Dieser Umstand hat in der Vergangenheit häufig dazu geführt, daß juvenile Exemplare als eigenständige Familie eingestuft wurden.

Unter weitausladenden Tischkorallen oder Felsüberhängen findet man die Gestreifte Süßlippe *(P. gaterinus)* zumeist in kleinen Gruppen vor. Die Orientalische Süßlippe *(P. orientalis)* bevorzugt dagegen eher ein solitäres Dasein. Gegenüber Mitbewohnern ihres Lebensraumes verhält sie sich friedlich, aber auf Artgenossen kann sie durchaus aggressiv reagieren.

Zitronensüßlippe

Plectorhynchus flavomaculatus, EHRENBERG

Synonyme: *Gaterin flavomaculatus*, EHRENBERG

Lemon Sweetlip

Körperform: kräftig, hochgebaut; Stirn schräg abfallend
Größe: bis 60 Zentimeter
Farbkleid: silbrig mittelbraun, Kopf gelb gemasert
Verbreitung: Indo-Pazifik, Rotes Meer

Gepunktete Süßlippe

Plectorhynchus chaetodonoides

Synonyme: –

Harlequin Sweetlip

Körperform: kräftig, hochgebaut; aufgeworfene Lippen
Größe: bis 90 Zentimeter
Farbkleid: gelblich, Flossen und Körper, außer der Bauchseite, mit schwarzen Punkten übersät, Bauchseite grau ohne Punkte
Verbreitung: westlicher Indo-Pazifik, Rotes Meer

Gemeine Süßlippe

Plectorhynchus gaterinus, FORSKÅL 1775

Synonyme: *Sciaena gaterina*, FORSKÅL 1775
Sciaena abu-mugaterin, FORSKÅL 1775

Black-spotted Rubberlip

Körperform: kräftig, hochgebaut
Größe: bis 60 Zentimeter
Farbkleid: silbrig, schwarz gepunktet, auf der Bauchseite kaum Punkte, Flossen gelb, ebenfalls mit Punkten
Verbreitung: Indo-Pazifik, Rotes Meer

Orientalische Süßlippe

Plectorhynchus orientalis, BLOCH 1793

Synonyme: *Athias orientalis*, BLOCH 1793
Lutianus aurantius, LACEPEDE 1802
Diagramma sibbaldi, BENNETT 1832
Plectorhynchos sebae, BLEEKER 1873

Oriental Sweetlip

Körperform: kräftig, leicht hochgebaut; vorgewölbte Lippen
Größe: bis 50 Zentimeter
Farbkleid: weiß, mehrere schwarze Längsstreifen, Stirn gelb mit schwarzen Querstreifen, Flossen gelb mit schwarzen Punkten
Verbreitung: Indo-Pazifik, Rotes Meer

Grunzerfische/ *Pomadasyidae*

Ordnung: Barschartige/ *Perciformes*
Unterordnung: Barschfische/ *Percoidei*

Die Familie der Grunzerfische verbindet eine enge Verwandtschaft mit den Schnappern, Süßlippen und Meerbrassen und umfaßt 12 Gattungen mit ca. 20 Arten. Sie werden auch oft unter dem Namen *Haemulidae* geführt. Von den Schnappern unterscheiden sie sich deutlich durch die fehlenden spitzen Eckzähne vorne im Kiefer.

Grunzerfische kann man in allen tropischen Meeren antreffen. Sie leben meist in Bodennähe der flacheren Küstenregionen und ernähren sich von den dort lebenden niederen Tieren. Während Grunzerfische am Tage in losen Schulen versammelt den Schutz der Riffnähe bevorzugen, verteilen sie sich mit Anbruch der Dunkelheit über die Tang- und Seegraswiesen, um dort auf Nahrungssuche zu gehen. Die Jungfische fressen vornehmlich Plankton.

Die »Grunzer« tragen ihren Namen nicht zu Unrecht: durch das Aneinanderreiben ihrer Schlundzähne können sie deutlich hörbare Geräusche erzeugen. Dabei dient ihnen ihre Schwimmblase als Tonverstärker. Die grunzenden Töne produzieren sie sowohl im Wasser als auch noch an Land, wenn man sie herausfängt.

Hin und wieder kann man als Taucher ein interessantes Verhalten bei den Grunzerfischen beobachten. Die Tiere stehen sich dann mit weitaufgerissenem Maul gegenüber und es scheint, als wollten sie ihr Gegenüber zurückschieben. Diese »Kußzeremonie« wird häufig als Liebeswerben gedeutet. Die wirkliche Bedeutung für den Fisch ist jedoch wissenschaftlich noch nicht bekannt.

Blaustreifen-Grunzerfisch

Haemulon sciurus, LINNAEUS 1758

Synonyme: –

Grunt

Körperform: mittelschlanker Körper, seitlich abgeplattet, gegabelte Schwanzflosse
Größe: bis 45 Zentimeter
Farbkleid: leuchtende gelbe und blaue Streifen entlang des Kopfes und des Körpers. Die Rükken- und die Schwanzflosse schwärzlich
Verbreitung: westlicher Atlantik, Karibik

Schweinsgrunzer

Anisotremus virginicus, LINNAEUS 1758

Synonyme: *Sparus virginicus*, LINNAEUS 1758
Sparus vittatus, BLOCH 1791
Grammistes mauritii, BLOCH & SCHNEIDER 1801
Pristipoma rodo, CUVIER & VALENCIENNES 1830

Porkfish

Körperform: hochgebaut, auffallend hohe Stirn, mittelschlanker Körper, seitlich abgeplattet, gegabelte Schwanzflosse
Größe: bis 38 Zentimeter
Farbkleid: silber mit dünnen, gelben Längsstreifen, die sich, vom Kiemendeckel ausgehend, über den ganzen Körper ziehen, schwarze Augenbinde und gelbe Stirn, Flossen und Schwanz gelb
Verbreitung: Tropischer, westlicher Atlantik, Karibik

Ruderfische/ *Lethrinidae*

Ordnung: Barschartige/ *Perciformes*
Unterordnung: Barschfische/ *Percoidei*

Die Ruderfische stellen eine recht kleine Familie dar, in die man etwa 20 Arten einreiht. Sie erinnern in ihrem Aussehen an eine Mischung zwischen Weichlippern und Schnappern.

Schuppenlose, hohe Wangen und ein langes, vorne mit großen Eckzähnen besetztes Maul sind typische Kennzeichen der Ruderfische. Sie weisen im ersten Teil der Rükkenflosse 10 harte Strahlen auf. Ihre Größe kann bis zu 90 Zentimeter betragen.

Mit Ausnahme einer Art, die an der afrikanischen Westküste vorkommt *(Sparus choerorhynchus)*, finden wir diese Familie an den Korallenriffen des Indopazifiks.

Das Jugendstadium verbringen die Ruderfische im Schwarm. Später leben sie als Einzelgänger. Sie sind Raubfische, die gleich den Zackenbarschen auch hin und wieder versuchen, einen Anemonenfisch vom Wirt zu schnappen.

Bemerkenswert ist das äußerst schmackhafte Fleisch dieses Fisches. Da er sich nur selten in Tiefen unter 30 Meter aufhält, ist er für einheimische Fischer leicht zu angeln. Man begegnet den Ruderfischen daher häufiger reichhaltig garniert auf Buffettellern als unter Wasser.

Gelbflossen-Ruderfisch

Lethrinus kallopterus, BLEEKER

Synonyme: –

Yellow-spotted Emperor

Körperform:	kräftig; breite Schwanzflosse
Größe:	bis 80 Zentimeter
Farbkleid:	Kopf mittelblau, Körper dunkelgrün, Schuppen deutlich abgesetzt, Flossen gelb
Verbreitung:	westlicher Indo-Pazifik

Umberfische/*Scianidae*

Ordnung: Barschartige/*Perciformes*
Unterordnung: Barschfische/*Percoidei*

Die Familie der Umberfische umfaßt etwa 50 Gattungen mit 210 verschiedenen Arten, von denen die meisten in allen tropischen Gewässern beheimatet sind. Wenige Arten besiedeln auch Süßwasser. Während die kleineren Arten ca. 25 Zentimeter groß werden *(Equetus spec.)*, erreichen die größten Vertreter dieser Familie eine Länge bis zu 3 Metern (Trommelfisch, *Pogonias chromis*).

Umberfische besitzen einen länglichen mit Kammschuppen besetzten Körper, dessen ovaler Kopf ein unterständiges Maul mit kleinen Bartfäden aufweist. Mit diesen Bartfäden streifen die Umberfische in seichten Gewässern über den Boden und suchen den Grund nach niederen Tieren und kleinen Fischen ab. Die Rückenflosse ist zwischen den harten und weichen Flossenstrahlen so tief eingeschnitten, daß sie fast aussieht wie zwei einzelne Rükkenflossen. Die deutlich längere, erste Rückenflosse kann mit etwas Phantasie mit einem Ritterhelm in Verbindung gebracht werden. Man nennt die Umberfische deshalb auch Ritterfische.

Ein Kuriosum dieser Familie ist die Fähigkeit, trommelähnliche Geräusche hervorzubringen (Trommelfische). Dabei bedienen sie sich ihrer Schwimmblase als Resonanzkörper. Sie können von der Schwimmblase ausgehende Muskelstränge wie Instrumentensaiten in Schwingungen versetzen. Was sie letztendlich zu diesen Geräuschen veranlaßt, konnte noch nicht geklärt werden.

Tüpfel-Ritterfisch

Equetus punctatus, BLOCH u. SCHNEIDER 1801

Synonyme: *Eques punctatus*, BLOCH u. SCHNEIDER 1801

Jackknife Fish

Körperform: schlank, leicht gebogen; Rückenflosse hochgezogen (»Wimpel«), Brustflosse verlängert
Größe: bis 25 Zentimeter
Farbkleid: cremefarben, schwarze, weiß gesäumte Querbinden am Kopf, breite Querbinde von der Rückenflossenspitze bis zum Schwanzflossenende
Verbreitung: westlicher Atlantik

Seebarben/*Mullidae*

Ordnung: Barschartige/*Perciformes*
Unterordnung: Barschfische/*Percoidei*

Die Familie der Seebarben besiedelt mit über 40 verschiedenen Arten alle tropischen und subtropischen Meere. Eine Art (Streifenbarbe/*Mullus surmuletus*) kommt in den Sommermonaten sogar in der Nordsee vor.

Die schlanke Körperform der Seebarben weist einen stromlinienförmigen Kopf mit auffällig hochliegenden Augen auf. Die Kammschuppen sind durch einen schwarzen Rand besonders gut zu erkennen. Die Weibchen können eine Größe bis zu 45 Zentimetern erreichen, während die Männchen nur ca. 35 Zentimeter groß werden. Ein charakteristisches Merkmal sind die beiden unter dem Kinn liegenden Barteln, mit denen die Seebarben den ganzen Tag den Sandboden nach Nahrung durchstöbern. In den Bartfäden befinden sich Geschmacks- und Tastorgane. Beim Schwimmen können die Bartfäden zurückgelegt werden.

Seebarben bevorzugen flache Zonen. Zur Aufnahme von kleinen Würmern, Schalentieren und Krebsen besitzen sie ein ausstülpbares Maul mit bürstenartigen Zahnfeldern. Oft folgen Lippfische den nahrungssuchenden Seebarben, um verwertbare Reste »abzustauben«.

Ziegenfisch

Parupeneus barberinus, LACEPEDE 1802

Synonyme: *Mullus barberinus*, LACEPEDE 1802

Dash-dot Goatfish, Redmullet

Körperform: schlank, leicht gebogen; zwei Barteln
Größe: bis 50 Zentimeter
Farbkleid: cremefarben bis silbrig, breiter schwarzer Längsstreifen, dunkler Fleck auf dem Schwanzstiel
Verbreitung: Indo-Pazifik, Rotes Meer

Gelber Ziegenfisch

Parapuneus cyclostomus, LACEPEDE 1802

Synonyme:	*Mullus cyclostomus*, LACEPEDE 1802 *Mullus chryserydros*, LACEPEDE 1802 *Upeneus chryserythrus*, GÜNTHER 1873 *Upeneus oxycephalus*, BLEEKER 1865 *Parupeneus xanthospilurus*, BLEEKER 1875 *Upeneus saffordi*, SEALE 1901 *Pseudopeneus aurantiacus*, SEALE 1906

Yellowsaddle Goatfish, Yellow-tailed Goatfish

Körperform:	schlank bis kräftig
Größe:	bis 52 Zentimeter
Farbkleid:	leuchtend gelb, blaue Linien im Augenumfeld
Verbreitung:	westlicher Indo-Pazifik

Gleiter/ *Pempheridae*

Ordnung: Barschartige/ *Perciformes*
Unterordnung: Barschfische/ *Percoidei*

Die Gleiter sind typische Schwarmfische, die die Küstengewässer und Riffe der tropischen Meere besiedeln. Ihr Hauptverbreitungsgebiet ist der Indopazifik.

Sie besitzen eine hochgebaute Körperform und können max. eine Länge von 15 Zentimetern erreichen. Die meisten Arten sind jedoch deutlich kleiner und kaum von den Jungfischschwärmen anderer Arten zu unterscheiden. Deshalb ist über diese Familie auch nicht viel bekannt.

Das Erscheinungsbild der Gattung *Pempheris* erinnert etwas an die Form eines Beiles – daher auch der Name Beilfisch oder Beilbauchfisch. Eine Ausnahme bilden hier lediglich die Glasfische, *Parapriacanthus.*

Die kurze Rückenflosse setzt gleich hinter dem Kopf an; die Afterflosse zieht sich von der Mitte des Bauches bis zum Schwanzstiel und zeigt an ihrer Basis ein leuchtendes Rot. Der Schwanz der Gleiter ist leicht gegabelt.

Tagsüber stehen die großen Schwärme häufig im Schutze der Korallenbänke. Zu den bevorzugten Aufenthaltsorten zählen Höhlen und Überhänge. Dort fallen sie auf Grund ihrer silbrig-rot schimmernden Farbe kaum auf. Die verhältnismäßig großen Augen deuten auf die Nachtaktivität der Gleiter hin. Erst wenn die Dunkelheit anbricht, suchen sie in der Nähe des Riffes nach Nahrung, die aus tierischem Plankton besteht.

Die Jungtiere besitzen rot-schwarz gefärbte Wirbel, die durch den transparenten Körper hindurch sichtbar sind.

Glasfisch

Parapriacanthus ransonneti, STEINDACHNER

Synonyme: *Parapriacanthus peryciformes,* FRANZ

Slender Sweeper

Körperform: spindelförmig, gedrungen
Größe: bis 10 Zentimeter
Farbkleid: rötlich, transparent, auffallend große Augen
Verbreitung: Indo-Pazifik, Rotes Meer

Beilfisch/Beilbauchfisch

Pempheris oualensis, CUVIER

Synonyme: *Pempheris otaitensis,* CUVIER
Pempheris adustus, BLEEKER

Blacktip Sweeper, Caroline Sweeper

Körperform: schlank mit ausladendem Bauch
Größe: bis 18 Zentimeter
Farbkleid: mittelbraun, Schwanz- und Rückenflosse mit schwarzen Spitzen
Verbreitung: Indo-Pazifik

Pilotbarsche/*Kyphosidae*

Ordnung: Barschartige/*Perciformes*
Unterordnung: Barschfische/*Percoidei*

Die Pilotbarsche verteilen sich auf alle tropischen Meere. Dort findet man sie meistens in Riffnähe im flachen Wasser. Manchmal halten sie sich auch im offenen Meer auf und folgen Schiffen oder suchen Treibholz nach Nahrung ab, die hauptsächlich aus Vegetarischem und kleinen Wirbellosen besteht.

Pilotbarsche können eine Länge von 75 Zentimetern erreichen. Ihr hochgebauter Körper weist eine dunkle Grundfarbe mit hellen Längsstreifen auf. Der runde Kopf besitzt einen verhältnismäßig kleinen Kiefer. Bei vielen Arten ist der Kopf gelb gepunktet. Ebenso ist der obere Rand des Kiemendeckels der Pilotbarsche häufig dunkel gefärbt. Die harte stachelige Rückenflosse ist mit der weichen Rückflosse verbunden und die Afterflosse hat lediglich drei harte Strahlen. In vielen Ländern werden die Pilotbarsche als ausdauernd kämpfende Sportfische geschätzt, die zudem auch noch sehr wohlschmeckend sind. Lediglich der vor der australischen Küste vorkommende *Kyphosus sydneyanus* ist als Speisefisch weniger beliebt.

Die Pilotbarsche sind typische Schwarmfische und werden von den Tauchern im allgemeinen wenig beachtet, weil ihr Äußeres keinerlei Besonderheiten aufweist. Nicht zuletzt deshalb durchkreuzen sie in der Karibik in großer Anzahl ungestört die Flachwasserzonen.

Nicht zu verwechseln sind die Pilotbarsche mit den

häufig vor Haien schwimmenden Pilotfischen. Bei den Pilotfischen handelt es sich meistens um Prinzeß- oder Königsmakrelen der Art *Naucrates ductor.*

Großer Pilotbarsch

Kyphosus bigibbus, LACEPEDE

Synonyme: –

Grey Chub, Buffalo Bream

Körperform: kräftig, leicht hochgebaut; kleines Maul
Größe: bis 30 Zentimeter
Farbkleid: grünlich-silbrig, Flossen etwas dunkler
Verbreitung: Indo-Pazifik, Rotes Meer

Gelblinien Pilotbarsch

Kyphosus sectatrix, LINNAEUS

Synonyme: –

Bermuda Chub

Körperform:	kräftig, leicht hochgebaut; kleines Maul
Größe:	bis 30 Zentimeter
Farbkleid:	silbrig, mit feinen, gelben Längsstreifen, Flossen dunkel
Verbreitung:	westlicher Atlantik

Spatenfische/*Ephippidae*

Ordnung: Barschartige/*Perciformes*
Unterordnung: Barschfische/*Percoidei*
Unterfamilie: Fledermausfische/*Platacidae*

Diese kleine Familie umfaßt nur drei Arten der Gattung *Platax: Pl. orbicularis, Pl. pinnatus* und *Pl. teira.* Alle drei Arten sind Allesfresser.

Spatenfische erkennt man vor allem an den sehr hohen und gut entwickelten Rücken- und Bauchflossen. Auch die Afterflosse ist stark vergrößert. Wegen dieser ausgeprägten Flossenform nennt man die Spatenfische auch Segelflosser. Der Körperbau ist hoch und seitlich abgeplattet.

Befindet sich der Spatenfisch im Jugendstadium, so fallen die hohen Flossen noch stärker auf, da ihr Körper dann noch recht klein ist.

Jungfische halten sich gerne in seichten Regionen auf und treiben wie Laubblätter mit unterschiedlichsten Körperhaltungen regungslos im Wasser, um unerkannt zu bleiben. Nur wenn sie sich aufgespürt fühlen, richten sie sich auf und schwimmen davon. Dabei können sie beachtliche Geschwindigkeiten erreichen.

Ausgewachsene Spatenfische bilden große Schwärme, die sich in Riffnähe gerne unter Überhängen aufhalten. Dort stehen sie oft lange Zeit bewegungslos im Strömungsschatten – vor allem wenn die Strömung am Riff zu stark für sie wird.

Fast schon legendär sind die Schwärme auf den Malediven: Das Wrack der »Maldive Victory« im Wadu-Kanal und der »Fish-Head« im Ari-Atoll sind Treffpunkte unzähliger Spatenfische, deren Anblick jedes Taucherherz höher schlagen läßt. Doch nicht nur auf den Malediven ist diese Familie zu Hause: Auch in anderen tropischen Meeren kann man ihnen begegnen.

Fledermausfisch / Einfacher Segelflosser

Platax orbicularis, FORSKÅL 1775

Synonyme:	*Chaetodon orbicularis,* FORSKÅL 1775 *Chaetodon vespertilio,* BLOCH & SCHNEIDER 1802 *Chaetodon pentacanthus,* LACEPEDE 1803 *Platax guttulatus,* CUVIER & VALENCIENNES 1831 *Platax blochi,* CUVIER & VALENCIENNES 1831

Batfish, Circular Spadefish, Sunfish

Körperform:	rund, seitlich abgeplattet; extrem hohe Rücken- und Analflosse, auffällig verlängerte Bauchflossen, kurze Schwanzflosse
Größe:	bis 35 Zentimeter lang und bis 50 Zentimeter hoch
Farbkleid:	silbergrau mit 3 bis 4 breiten, dunklen Querstreifen
Verbreitung:	Indo-Pazifik, Rotes Meer, westlicher Atlantik

Engelsfische/ *Pomacanthidae*

Ordnung: Barschartige/ *Perciformes*
Unterordnung: Barschfische/ *Percoidei*

Alle Engelsfische besitzen eine hochgebaute, seitlich zusammengedrückte Körperform und ein ausstülpbares Maul. Die kleinen Zähne sind borsten- oder kammförmig. Daher werden die Engelsfische – genau wie die Falterfische – auch Borstenzähner genannt. Der ganze Kör-

Der für Engelsfische charakteristische Stachel am Kiemendeckel ist deutlich zu sehen

per, einschließlich des Kopfes, ist mit Kammschuppen bedeckt. Viele Arten haben ein sehr spitzes und langgestrecktes Maul, womit sie sich aus kleinen Höhlen und Spalten ihre Beute fangen. Ein besonderer Leckerbissen für Engelsfische sind die Tentakeln von Seeanemonen.

Engelsfische leben vorwiegend paarweise oder einzeln. Gegenüber Artgenossen und auch ähnlich aussehenden Fischen sind sie äußerst agressiv. Sie bekämpfen ihren Konkurrenten bis zur ernsthaften Niederlage. Aus diesem Grunde unterscheidet sich der juvenile Engelsfisch in seinem Farbkleid deutlich von den erwachsenen Exemplaren.

Der Lebensraum der Engelsfische ist das Riff. Sie entfernen sich fast niemals von ihrem Territorium ins offene Wasser. Wer einmal aufmerksam Engelsfische beobachtet hat, wird festgestellt haben, daß sie zeitweilig mit dem Bauch nach oben unter einem Überhang schwimmen. Diese Fische sind so substratabhängig, daß sie lieber in Rücken- oder Seitenlage schwimmen, als den Kontakt mit dem Substrat zu verlieren.

Wer sich speziell für Engelsfische interessiert, sei auf das zweibändige Werk von ROGER C. STEENE und Dr. GERALD R. ALLEN »Falter- und Kaiserfische« verwiesen.

Gelber Dreipunkt-Zwergkaiserfisch

Apolemichthys trimaculatus, CUVIER 1831

Synonyme: *Holacanthus trimaculatus,* LACEPEDE

Three-spot Angelfish

Körperform: oval, seitlich abgeplattet
Größe: bis 30 Zentimeter
Farbkleid: gelb, schwarzer Längsstreifen auf der Analflosse, schwarzer Stirnfleck, leuchtend blaues Maul
Verbreitung: westlicher Indo-Pazifik

Königin Engelsfisch

Holacanthus ciliaris, LINNAEUS 1758

Synonyme: *Chaetodon ciliaris,* LINNAEUS 1758
Angelichthys ciliaris, LINNAEUS 1758
Chaetodon squamulosus, SHAW 1796
Chaetodon parrae, BLOCH & SCHNEIDER 1801
Holacanthus cornutus, DESMAREST 1823
Holacanthus formosus, CASTELNAU 1855
Holacanthus lunatus, BLOSSER 1909

Queen Angelfish

Körperform: rund, seitlich abgeplattet, Rücken- und Analflossenenden spitz zu Wimpeln auslaufend, Dorn unterhalb des Kiemendeckels
Größe: bis 25 Zentimeter
Farbkleid: gelb-grün, blauer Stirnfleck, blaues Maul, Kiemendeckel blau, Flossen blau gesäumt, Schwanzflosse gelb ohne Saum
Verbreitung: westlicher Atlantik

Ringelkaiserfisch

Pomacanthus annularis, BLOCH 1787

Synonyme:	*Chaetodon annularis*, BLOCH 1787 *Holacanthus septemtrionalis*, RICHARDSON 1846 *Chaetodon verticosus*, GRAY 1854 *Holacanthus pseudannularis*, BLEEKER

Blue-ringed Angelfish, Blue King Angelfish

Körperform:	rund bis oval, seitlich abgeplattet
Größe:	bis 25 Zentimeter
Farbkleid:	gelb-braun, Kopf dunkel, Schwanzflosse weiß, leuchtend blaue Längsstreifen, die sämtlich am Kiemendeckel enden, zwei blaue Streifen quer über die Stirn, schräg über dem Kiemendeckel orangefarbener, blau gesäumter Augenfleck
Verbreitung:	westlicher Indo-Pazifik

Grauer Kaiserfisch

Pomacanthus arcuatus, LINNAEUS 1758

Synonyme: –

Gray Angelfish

Körperform:	rund, seitlich abgeplattet; stark ausgeprägte Rücken- und Analflossen
Größe:	bis 36 Zentimeter
Farbkleid:	braun-grau, Flossensaum der Rücken- und Analflosse hell abgesetzt, in der Jugendform, 5 breite, gelbe Querbinden, die jedoch mit zunehmendem Alter verschwinden
Verbreitung:	westlicher Atlantik

Großer Engelsfisch/ Großer Kaiserfisch/ Imperator Kaiserfisch/ Nikobaren Kaiserfisch

Pomacanthus imperator, BLOCH 1787

Synonyme: *Chaetodon imperator,* BLOCH 1787
Chaetodon nicobariensis, BLOCH & SCHNEIDER 1801
Holacanthus marianas, SEALE 1901
Holacanthus geometricus, LACEPEDE 1802
Holacanthus bishopi, SEALE 1901

Emperor Angelfish, Imperial Angelfish

Körperform: oval, seitlich abgeplattet; Maul leicht nach oben gerichtet
Größe: bis 38 Zentimeter
Farbkleid: dunkel grün-blau, zahlreiche gelbe Längsstreifen, dunkelblaue Augenbinde, Maulpartie hellblau, breite, dunkelblaue Querbinde – beginnend oberhalb der Kiemendeckel, bis unter den Bauch hindurch –, gelbe Stirn, Schwanzflosse gelb, Analflosse blau mit hellblauen Längsstreifen, Rückenflosse gelb gesäumt
Verbreitung: Indo-Pazifik, Rotes Meer
Besonderheit: Die Abbildung rechts unten zeigt die Jugendform

TG 33;

Sichelkaiserfisch

Pomacanthus maculosus, FORSKÅL 1775

Synonyme:	*Chaetodon maculosus,* FORSKÅL 1775 *Holachanthus coeruleus,* RÜPPELL 1828 *Holacanthus lineatus,* RÜPPELL 1828 *Holacanthus mokella,* CUVIER & VALENCIENNES 1831 *Pomacaonthops filamentosus,* J. L. B. SMITH 1955

Red Sea Angelfish, Blue Moon Angelfish, Bride of the Sea

Körperform:	oval, seitlich abgeplattet; spitzer Kopf, Rückenflossenspitze lang ausgezogen
Größe:	bis 40 Zentimeter
Farbkleid:	blau, leuchtend gelber Fleck auf jeder Körperseite, Schwanzflosse gelb, blau gemasert
Verbreitung:	Indo-Pazifik, Rotes Meer

Schwarzer Engelsfisch

Pomacanthus paru, BLOCH 1787

Synonyme:	*Chaetodon paru,* BLOCH 1787

French Angelfish

Körperform:	rund, seitlich abgeplattet; spitzes Maul
Größe:	bis 40 Zentimeter
Farbkleid:	dunkelbraun, Schuppen golden gerändert, gelber Fleck an der Brustflossenbasis, Maul weiß, weißer Streifen am Auge, Analflossenspitze als kleiner Wimpel ausgebildet
Verbreitung:	westlicher Atlantik

Pfauenkaiserfisch/ Herzogen-Kaiserfisch

Pygoplites diacanthus, BODDAERT 1772

Synonyme: *Chaetodon diacanthus*, BODDAERT 1772
Chaetodon fasciatus, BLOCH 1787
Chaetodon boddaerti, GMELIN 1789

Royal Angelfish, Blue-banded Angelfish, Regal Angelfish

Körperform: oval, seitlich abgeplattet; spitzes Maul
Größe: bis 30 Zentimeter
Farbkleid: gelb, weiße, schwarz und hellblau gesäumte Querstreifen, Rückenflosse blau, Schwanzflosse gelb, Kopf gelb, Augen schwarz umrandet, Analflosse blaugelb gestreift, hellblaue Wangenstreifen
Verbreitung: Indo-Pazifik, Rotes Meer

Diademkaiserfisch/ Gelbmaskenkaiserfisch/ Blaukopfkaiserfisch

Pomacanthus xanthometopon, BLEEKER 1853

Synonyme: *Euxiphipops xanthometopon*, FRASER-BRUNNER 1934

Yellow-faced Angelfish

Körperform: oval, seitlich abgeplattet
Größe: bis 38 Zentimeter
Farbkleid: blaue Schuppen mit gelben Rändern, gelbe Rücken- und Schwanzflosse, Augenfleck auf der Rückenflosse, Anal- und Bauchflossen ins Blaue übergehend, blauer Kopf, Maske und Brustflossen gelb
Verbreitung: westlicher Indo-Pazifik

Falterfische/ *Chaetodontidae*

Ordnung: Barschartige/ *Perciformes*
Unterordnung: Barschfische/ *Percoidei*

Falterfische gehören mit zu den prachtvollsten Riffbewohnern der Unterwasserwelt. Viele meereskundlich Interessierte kennen diese Familie auch unter der gebräuchlichen Bezeichnung Schmetterlingsfische oder Gauklerfische.

Sie alle haben, ähnlich, wie die mit ihnen nahe verwandten Engelsfische einen seitlich zusammengedrückten Körper, jedoch fehlt ihnen der für den Engelsfisch charakteristische Stachel unter dem Kiemendeckel.

Vielen Falterfischen nützt ein verlängertes Maul bei der oft schwierigen Nahrungssuche zwischen den Korallen im Riff, um auch bis in kleinste Spalten vorzudringen, wo sich ihre Lieblingsbeute, der Korallenpolyp, versteckt.

Fast alle Falterfische haben am Kopf einen vertikalen, schwarzen Streifen, sowie einen Augenfleck am hinteren Teil der Rückenflosse. Wie der Name »Augenfleck« schon besagt, wird mit diesem runden Fleck ein Auge angedeutet. Dagegen ist die dunkle Querbinde, die auch das echte Auge mit einschließt, dazu geeignet, selbiges zu verdecken. Erfolgt ein Angriff, so wird beim Gegner der Eindruck erweckt, daß der Falterfisch in die falsche Richtung entweichen will. Es wird dann nicht der empfindliche Kopfbereich getroffen, sondern lediglich das unempfindlichere Schwanzende.

Falterfische leben in der Regel paarweise. Ihre auffällige Farbgebung erleichtert es ihnen, sich in der bunten

Riffwelt unter ähnlichen Arten wiederzufinden. Größere Verbände dieser Familie bestehen zumeist aus Jungtieren. Einige Arten leben jedoch auch noch bis zum Erwachsenenstadium in größeren Schulen. Dazu zählen insbesondere die Halsbandfalterfische, *Chaetodon collare,* und die Schwarmwimpelfische, *Heniochus diphreutes.* So kann der Taucher an vielen Riffen tropischer Meere hunderte in bunten Farben schillernde Falterfische der gleichen Art beobachten. Nachts, wenn sich die Fische zum Schutz in kleine Spalten zwängen, wechseln einige Arten ihr Farbkleid um sich besser anzupassen und zu tarnen. Dann unterscheidet sich ihre Farbe teilweise sehr stark von der ihrer täglichen Aktivitätszeit. Doch gerade ihre Farbenpracht ist vielen Falterfischen schon zum Verhängnis geworden: Die Nachfrage für die Meeresaquarienhaltung wächst in der ganzen Welt unaufhörlich …

Pfauenaugen-Falterfisch

Chaetodon capistratus, LINNAEUS 1758

Synonyme: *Chaetodon bricei,* SMITH 1897

Four-eyed Butterflyfish

Körperform:	leicht oval, seitlich abgeplattet, spitz zulaufender Kopf, spitzes Maul
Größe:	bis 15 Zentimeter (max.), meistens jedoch bis 10 Zentimeter
Farbkleid:	mittelgrau mit dunklen Streifen, dunkle Augenquerbinde, schwarzer Augenfleck mit weißem Rand etwas oberhalb des Schwanzstieles
Verbreitung:	Westlicher Atlantik (Karibik), auch vor Kuba
Besonderheit:	*Chaetodon capistratus* ist der in der Karibik am häufigsten vorkommende Falterfisch. Er lebt solitär oder paarweise.

Bennett's Falterfisch

Chaetodon bennetti, CUVIER & VALENCIENNES 1831

Synonyme: *Chaetodon vinctus,* BENNETT 1839

Bennett's Butterflyfish, Archer Butterflyfish

Körperform:	rundlich bis oval
Größe:	bis 15 Zentimeter
Farbkleid:	gelb, schwarzer Augenfleck im hinteren Körperbereich, zwei blaue Diagonalstreifen über dem Kiemendeckel beginnend, fortlaufend bis zur Afterflosse, dunkle Querbinde über dem Auge
Verbreitung:	Indo-Pazifik

x Fadenfalterfisch/ Fadenschmetterlingsfisch/ Fähnchen-Falterfisch

Chaetodon auriga, FORSKÅL 1775

Synonyme: *Chaetodon setifer*, BLOCH 1793
Pomacentrus filamentosus, LACEPEDE 1802

Spined Butterflyfish, Threadfin Butterflyfish

Körperform: leicht oval, seitlich abgeplattet; spitz zulaufender Kopf, spitzes Maul, Rückenflosse mit langem Wimpel (»Faden«)
Größe: bis 19 Zentimeter
Farbkleid: weiß, gelbe Flossen mit schwarzem Rand, dunkle Querstreifen (gegeneinander laufend), schwarzer Augenfleck auf der Rükkenflosse, schwarze Augenbinde
Verbreitung: Indo-Pazifik, Rotes Meer

Halsbandfalterfisch

Chaetodon collare, BLOCH 1787

Synonyme: *Chaetodon aureus*, SCHLEGEL 1844
Chaetodon viridis, BLEEKER 1845

Red-tailed Butterflyfish

Körperform: rund, seitlich abgeplattet; leicht spitzes Maul
Größe: bis 18 Zentimeter
Farbkleid: grau, schwarzer Kopf, mit breiter, weißer Querbinde, Maulspitze mit feiner, weißer Querbinde, Schwanzflosse rot mit schwarzem Saum, Rückenflosse schwarz gesäumt
Verbreitung: westlicher Indo-Pazifik

x Keilfleckfalterfisch

Chaetodon falcula, BLOCH 1795

Synonyme: *Chaetodon dizoster*,
CUVIER & VALENCIENNES 1831
Chaetodon aurora, DE VIS 1885

Sickle Butterflyfish

Körperform: oval, seitlich abgeplattet; spitzer Kopf
Größe: bis 29 Zentimeter
Farbkleid: weiß, mehrere schwarze Querstreifen, schwarze Augenbinde, Rücken-, Schwanz- und Analflosse gelb, schwarze Binde um den Schwanzstiel, zwei große schwarze Flecken auf der Rückenflosse, die Gelbfärbung der Rückenflosse geht zumeist auf die obere Körperhälfte über
Verbreitung: westlicher Indo-Pazifik

Rotmeer-Falterfisch/ Rotmeer-Schmetterlingsfisch

Chaetodon fasciatus, FORSKÅL 1775

Synonyme: *Chaetodon flavus*,
BLOCH & SCHNEIDER 1801

Red Sea Racoon Butterflyfish

Körperform: oval, seitlich abgeplattet; spitzes Maul
Größe: bis 20 Zentimeter
Farbkleid: gelb, schwarze Diagonalstreifen, schwarze Augenbinde, weißer Stirnfleck, breiter, schwarzer Fleck im vorderen Bereich der Rückenflossenbasis, Flossen gelb, schwarz gesäumt
Verbreitung: Rotes Meer

Gepunkteter Falterfisch

Chaetodon guttatissimus, BENNETT 1832

Synonyme: *Chaetodon maculatus,* SAUVAGE 1891

Peppered Butterflyfish

Körperform:	leicht oval, seitlich abgeplattet; spitzes Maul
Größe:	bis 15 Zentimeter
Farbkleid:	Körper hellgrau mit dunklen Punkten, schwarze Querbinde über dem Auge, Rükken- und Analflossen mit hellem, breiten Saum, orangefarbener Fleck am Schwanzstiel und am Ende der Rückenflosse, schwarze Querbinde an der Schwanzflosse
Verbreitung:	westlicher Indo-Pazifik, Rotes Meer

Falscher Gitterfalterfisch

Chaetodon oxycephalus, BLEEKER 1853

Synonyme: –

False-lined Butterflyfish

Körperform:	oval, seitlich abgeplattet; spitzes Maul
Größe:	bis 20 Zentimeter
Farbkleid:	weiß mit schwarzen Querstreifen, breiter schwarzer, gelb eingefaßter Diagonalstreifen von der Rückenflosse bis zum Schwanzstiel, schwarzer Stirnfleck, schwarze Augenbinde, Flossen gelb, mit schwarzem Rand, einzelner schwarzer Querstreifen vom Schwanzstiel auf die Analflosse
Verbreitung:	westlicher Indo-Pazifik

Klein's Falterfisch

Chaetodon kleini, BLOCH 1790

Synonyme: *Chaetodon melastomus,* BLOCH & SCHNEIDER 1801
Chaetodon melammystax, BLOCH & SCHNEIDER 1801
Chaetodon virescens, CUVIER & VALENCIENNES 1831
Chaetodon flavescens, BENNETT 1831

Klein's Butterflyfish, White-spotted Butterflyfish

Körperform: oval, seitlich abgeplattet; spitzes Maul
Größe: bis 15 Zentimeter
Farbkleid: gelblich, Kopf weiß, schwarze Augenbinde, weiße Binde um den Schwanzstiel, heller Sattelfleck auf dem Rücken, Flossenränder schwarz gesäumt
Verbreitung: Indo-Pazifik, Rotes Meer

Meyer's Falterfisch

Chaetodon meyeri, BLOCH & SCHNEIDER 1801

Synonyme: *Holacanthus flavo-niger,* LACEPEDE 1802

Meyer's Coralfish, Maypole Butterflyfish

Körperform: rund, seitlich abgeplattet; Kopf leicht spitz
Größe: bis 18 Zentimeter
Farbkleid: weiß, Flossen gelb mit schwarzem Saum, Stirn grau, Bauchseite und Analflosse orange, über den gesamten Körper einschließlich der Flossen verteilen sich breite, schwarze Linien
Verbreitung: Indo-Pazifik

Schwarzrücken-Falterfisch

Chaetodon melanotus, BLOCH & SCHNEIDER 1804

Synonyme:	*Chaetodon dorsalis*, RÜPPELL 1828 *Chaetodon marginatus*, CUVIER & VALENCIENNES 1831 *Chaetodon abhortani*, CUVIER & VALENCIENNES 1831

Black Back Butterflyfish, Striped Butterflyfish

Körperform:	oval, seitlich abgeplattet; spitzer Kopf
Größe:	bis 17 Zentimeter
Farbkleid:	weiß, feine schwarze, aufsteigende Diagonalstreifen, Bauchseite gepunktet, schwarze Augenbinde, Flossen gelb, Rückenflossenbasis schwarz gesäumt, breiter heller Saum an der Schwanzflosse, schwarzer Fleck an der Basis der Analflosse
Verbreitung:	Indo-Pazifik, Rotes Meer

Gelbkopf-Falterfisch/Gelbkopf-Schmetterlingsfisch

Chaetodon xanthocephalus, BENNETT 1832

Synonyme:	–

Yellowhead Butterflyfish

Körperform:	rundlich, seitlich abgeplattet; Kopf spitz
Größe:	bis 21 Zentimeter
Farbkleid:	weiß, mehrere dunkle Querstreifen, Kopf gelb, hellblauer Fleck unter dem Auge, gelber Querstreifen über dem Kiemendeckel, Anal- und Rückenflossen gelb, Schwanzflosse mittelblau mit gelbem Saum
Verbreitung:	westlicher Indo-Pazifik

Punktstreifen-Falterfisch

Chaetodon punctato fasciatus, CUVIER & VALENCIENNES 1831

Synonyme: *Chaetodon punctato-lineatus,* GRAY 1854

Spot-banded Butterflyfish, Sevenband Butterflyfish

Körperform: rundlich oval, seitlich abgeplattet; spitzes Maul
Größe: bis 13 Zentimeter
Farbkleid: gelb, dunkelbraune Querstreifen von der Rückenflossenbasis bis zur Körpermitte, dunkle Punkte an Körper und Flossen, Schwanzstiel orange-rot, orangefarbene Augenbinde, Analflosse weiß gesäumt, Schwanzflosse schwarz-weiß gesäumt
Verbreitung: Indo-Pazifik

Schwarzbinden-Falterfisch

Chaetodon striatus, LINNAEUS 1758

Synonyme: *Chaetodon consuelae,* MOWBRAY 1828
Chaetodon trivirgatus, WEBER & DE BEAUFORT 1936

Banded Butterflyfish

Körperform: oval, seitlich abgeplattet; spitzer Kopf
Größe: bis 14 Zentimeter
Farbkleid: weiß, vier breite, schwarze Querbinden, Rücken-, Schwanz- und Analflossen weiß gesäumt
Verbreitung: westlicher Atlantik

Rippelstreifen-Falterfisch/Rotsaum-Falterfisch

Chaetodon trifasciatus, MUNGO PARK 1797

Synonyme: *Chaetodon vittatus*, BLOCH & SCHNEIDER 1801
Chaetodon tau-nigrum, (juv.) CUVIER & VALENCIENNES 1831
Chaetodon bellus, LAY & BENNETT 1839
Chaetodon layardi, BLEEKER 1850

Melon Butterflyfish

Körperform: oval, seitlich abgeplattet
Größe: bis 17 Zentimeter
Farbkleid: gelb, dunkle Längsstreifen, dunkle Augenbinde, Maul dunkel, Rückenflosse braun gesäumt, Rückenflossenbasis schwarz abgesetzt, Schwanzflosse weiß mit schwarzer Querbinde, Analflosse rotbraun gesäumt, Analflossenbasis schwarz-gelb abgesetzt
Verbreitung: Indo-Pazifik, Rotes Meer

Halbmaskenfalterfisch

Chaetodon semilarvatus, CUVIER & VALENCIENNES 1831

Synonyme: –

Red-lined Butterflyfish

Körperform: rund, seitlich abgeplattet; spitzes Maul
Größe: bis 20 Zentimeter
Farbkleid: gelb, dunkelblaue Halbmaske über den Augen, Ränder der Rücken-, Schwanz- und Analflosse dunkel gesäumt
Verbreitung: Rotes Meer

Sparrenfalterfisch

Chaetodon trifascialis, QUOY & GAIMARD 1824

Synonyme: *Chaetodon strigangulus*, GMELIN 1788
Chaetodon triangularis, RÜPPELL 1828
Chaetodon bifascialis,
CUVIER & VALENCIENNES 1831
Chaetodon leachii,
CUVIER & VALENCIENNES 1831

Chevron Butterflyfish

Körperform: oval, seitlich abgeplattet; spitzer Kopf
Größe: bis 15 Zentimeter
Farbkleid: weiß, feine, schwarze Diagonalstreifen in der oberen Körperhälfte aufsteigend, in der unteren Körperhälfte abfallend, schwarze Augenbinde, Schwanzflosse schwarz mit gelbem Saum
Verbreitung: Indo-Pazifik, Rotes Meer

Gelber Maskenpinzettfisch

Forcipiger flavissimus, JORDAN & MCGREGOR 1898

Synonyme: –

Long-nosed Butterflyfish, Long-beaked Butterflyfish

Körperform: leicht rechteckig, seitlich abgeplattet; langgezogener pinzettartiger Kopf, Maul endständig
Größe: bis 26 Zentimeter
Farbkleid: gelb, schwarzer Fleck unterhalb des Schwanzstieles auf der Analflosse, Flossenränder blau gesäumt, Kopfpartie je zur Hälfte oben schwarz, unten hellblau
Verbreitung: Gesamter indo-pazifischer Raum

Chinesen Falterfisch/ Chinesen Schmetterlingsfisch/ Gelber Tränentropfen-Falterfisch

Chaetodon unimaculatus, BLOCH 1787

Synonyme:	*Chaetodon cordiformes*, THIOLLIERE 1857 *Chaetodon sphaenospilus*, JENKINS 1901 *Chaetodon unimaculatus interruptus*, AHL 1923

Lime-spot Butterflyfish, Teardrop Butterflyfish

Körperform:	rundlich, seitlich abgeplattet
Größe:	bis 20 Zentimeter
Farbkleid:	gelb, schwarzer Augenfleck, schwarze Querbinde über den Augen, schwarzer Querstreifen vom hinteren Teil der Rükkenflosse über Schwanzstiel bis auf die Analflosse, Schwanzflosse fast transparent
Verbreitung:	Indo-Pazifik

Schwarmwimpelfisch

Heniochus diphreutes, JORDAN 1903

Synonyme:	*Heniochus macrolepidotus*, BLEEKER *Heniochus bifasciatus*, SHAW

Schooling Bannerfish, Featherfin Coralfish

Körperform:	oval, hochgebaut, seitlich abgeplattet; langer Wimpel, spitzes Maul
Größe:	bis 15 Zentimeter
Farbkleid:	weiß, zwei breite, braune Querbinden, weißer Wimpel, Rücken- und Schwanzflossen sind gelb, braune Maske
Verbreitung:	Indo-Pazifik, Rotes Meer

Kupfer-Pinzettfisch

Chelmon rostratus, LINNAEUS 1758

Synonyme: *Chaetodon rostratus*, LINNAEUS 1758
Chaetodon enceladus, SHAW & NODDER 1791
Chelmon lol, MONTROZIER 1856
Chelmo pulcher, STEINDACHNER 1874/75
Chelmon mülleri, KLUNZINGER 1880

Copper-banded Butterflyfish, Beaked Coralfish

Körperform: rund, seitlich abgeplattet; Rückenflosse hochgezogen, spitzer Kopf, Maul endständig
Größe: bis 20 Zentimeter
Farbkleid: silbrig, fünf breite, orangefarbene und schwarz gesäumte Querstreifen, schwarzer, weiß umrandeter Augenfleck auf der Rückenflosse, schwarzes Band um den Schwanzstiel, Brustflosse weiß mit breitem gelben Rand
Verbreitung: Indo-Pazifik

Schwarzer Pyramiden-Falterfisch

Hemitaurichthys zoster, BENNETT 1831

Synonyme: –

Pyramid Butterflyfish, Brushytooth Butterflyfish

Körperform: oval, seitlich abgeplattet; spitzes Maul
Größe: bis 20 Zentimeter
Farbkleid: schwarz, breite weiße Querbinde, Rükkenflosse gelb, Schwanzflosse hellblau
Verbreitung: westlicher Indo-Pazifik

Wimpelfisch

Heniochus monocerus, CUVIER 1831

Synonyme: *Heniochus permutatus,* CUVIER 1831

Masked Bannerfish, Horned Coachman

Körperform:	rund, seitlich abgeplattet; spitzer Kopf, Wimpel an der ersten Rückenflosse
Größe:	bis 19 Zentimeter
Farbkleid:	weiß; breite, braune Querbinde, schwarzer Stirnfleck, schwarze Maske, Rückenflosse gelb (die Gelbfärbung zieht sich bis auf den Rücken), dunkler Fleck auf der Gelbfärbung, Analflosse im hinteren Bereich gelb, gelbe Schwanzflosse
Verbreitung:	Indo-Pazifik

Gehörnter Wimpelfisch

Heniochus pleurotaenia, AHL 1923

Synonyme: *Heniochus varius,* KNER

Indian Ocean Bannerfish

Körperform:	dreieckig, seitlich abgeplattet; spitzes Maul, Rückenflosse im vorderen Bereich deutlich gezackt
Größe:	bis 16 Zentimeter
Farbkleid:	weiß, drei dunkelbraune Querbinden, schwarzes Maul
Verbreitung:	westlicher Indo-Pazifik

Riffbarsche/ *Pomacentridae*

Die Familie der Riffbarsche, die man auch Jungfernfische, Demoisellen, Preußenfische oder liebevoll Schwalbenschwänzchen nennt, umfaßt über 200 Arten.

Um unnötige Verwirrungen über den Platz der verschiedenen Arten innerhalb der wissenschaftlichen Systematisierung zu vermeiden, hier zunächst ein Stammbaum zur besseren Übersicht:

Ordnung
Barschartige/ *Perciformes*

Unterordnung
Barschfische/ *Percoidei*

Familie
Riffbarsche/ *Pomacentridae*

Unterfamilie Anemonenfische *Amphiprioninae*	Unterfamilie Preußenfische *Chromininae*	Unterfamilie *Lepidozyginae*	Unterfamilie Riffbarsche *Pomacentrinae*
Gattungen *Amphiprion* *Premnas*	Gattungen *Chromis* *Dascyllus* *Acantho-chromis*	Gattungen *Lepidozygus*	Gattungen *Abudefduf* *Pomacentrus* sowie 15 weitere
27 Arten	ca. 58 Arten	1 Art	ca. 125 Arten

(Nach Dr. G. R. ALLEN, Damselfishes of the South Seas, 1975, T. F. H. publ. Neptune City, New Jersey S. 240 ff.)

Riffbarsche leben in unmittelbarer Nähe des Riffes, wo sie zwischen den Verästelungen einzelner Korallen Schutz finden. Es bewohnt immer eine Art einen Korallenstock. Der Schwarm steht über diesem Stock und schnappt kleine Planktonteilchen aus dem Wasser.

Wenn man sich nähert, ziehen sich die Fische zurück, wobei jeder Fisch seinen festen »Stammplatz« besitzt. Kann ein Fisch sich diesen Platz nicht sichern, wird er schnell zur Beute größerer Jäger.

Besonders interessant ist das Brutverhalten dieser Familie: Der Platz zur Eiablage wird zuerst vom Männchen gesäubert, und dann durch schnelles Auf- und Abwärts schwimmen angezeigt, bevor das Weibchen – manchmal sind es sogar mehrere Weibchen – seine Eier dort zur Brutpflege hinterläßt. Bis zum Schlüpfen ist das Männchen mit der Versorgung der Eier beschäftigt und verteidigt diese vehement gegen andere Fische. Der Korallenstock beherbergt dann die Jungen.

Die Kleintiere einiger Arten leben im Freiwasser und kommen erst später ans Riff. Die jungen Dreipunkt-Preußenfische *(Dascyllus trimaculatus)* suchen dagegen gerne den Schutz von Seeanemonen, an denen sie von den Anemonenfischen geduldet werden.

Eine Sonderstellung hinsichtlich Lebens- und Verhaltensgewohnheiten nehmen die Arten der Gattungen *Amphiprion* und *Premnas* (Anemonenfische) ein. Sie leben in Symbiose mit den Seeanemonen, zwischen deren Tentakeln sie Schutz vor ihren natürlichen Feinden finden. Ein besonderer Hautschleim macht sie gegen die nesselnde Wirkung immun. Als Gegenleistung befreien sie die Anemone von Parasiten (kleine Krebsartige) und verteidigen ihren Wirt, insbesondere gegen Falter- und Engelsfische, für die die Tentakeln der Seeanemone ein ganz besonderer Leckerbissen sind.

Die Anemonenfische leben monogam, obwohl sich meist mehrere Männchen einfinden. Stirbt das Weibchen, so wandelt sich das geschlechtlich aktive Männchen zum Weibchen um und geht eine neue Einehe ein. Im Gegensatz zu den Lippfischen ist bei den Anemonenfischen das Weibchen immer das dominierende Tier.

Für den aufmerksamen Taucher sei an dieser Stelle erwähnt, daß oftmals Anemonenkrabben und kleine Krebse mit in der Anemone leben, die von den revierbildenden Arten der Gattung *Amphiprion* geduldet werden.

Zitronenjungferchen

Amblyglyphidodon aureus, CUVIER

Synonyme: –

Golden Damsel

Körperform:	rund, seitlich abgeplattet; Flossenspitzen leicht ausgezogen
Größe:	bis 13 Zentimeter
Farbkleid:	gelb, am Kopf leicht hellblau gepunktet
Verbreitung:	Indo-Pazifik
Sonstiges:	Die Abbildung rechts oben zeigt ein ausgewachsenes Exemplar, die Abbildung rechts unten die Jugendform

Schwarzer Anemonenfisch

Amphiprion clarki, BENNETT 1830

Synonyme: *Amphiprion xanthurus*, CUVIER & VALENCIENNES 1830
Sparus mili, BORY DE ST. VINCENT 1831
Amphiprion melanostolus, RICHARDSON 1842
Amphiprion japonicus, TEMMINCK & SCHLEGEL 1842
Amphiprion chrysargurus, RICHARDSON 1845

Clark's Anemonefish, Goldbelly

Körperform: oval, kräftig
Größe: bis 10 Zentimeter
Farbkleid: schwarz, Bauchseite im vorderen Bereich gelb, drei breite, weiße Querbinden, die hintere um den Schwanzstiel, Flossen gelb, Maul gelb
Verbreitung: Indo-Pazifik

Zebra-Riffbarsch

Abudefduf sexfasciatus, LACEPEDE

Synonyme: *Abudefduf coelestinus*, CUVIER & VALENCIENNES

Striped Damselfish, Scissor-tail Sergeant

Körperform: länglich oval; gegabelte Schwanzflosse
Größe: bis 15 Zentimeter
Farbkleid: silbrig-weiß, sechs breite, schwarze Querbinden, zwei schwarze Längsstreifen auf der Schwanzflosse
Verbreitung: westlicher Indo-Pazifik, Rotes Meer

Zweibindenanemonenfisch

Amphiprion bicinctus, RÜPPELL 1828

Synonyme: –

Two-banded Anemonefish

Körperform: leicht oval
Größe: bis 14 Zentimeter
Farbkleid: orange-gelb, zwei weiße Querbinden
Verbreitung: Rotes Meer, Indo-Pazifik, Westafrika, Südchina, Japan.

Schwarzflossen-Anemonenfisch

Amphiprion nigripes, REGAN 1908

Synonyme: –

Black-finned Anemonefish, Maldivian Anemonefish

Körperform: oval, nach hinten leicht abfallend
Größe: bis 11 Zentimeter
Farbkleid: mittelbraun, eine weiße Querbinde über den Kiemendeckeln, bei jungen Tieren umschließt die Binde den gesamten Kopf
Verbreitung: Indo-Pazifik

Dreibinden-Anemonenfisch/ Harlekin-Anemonenfisch

Amphiprion ocellaris, CUVIER 1830

Synonyme:	*Anthia polymnus,* BLOCH 1792
	Amphiprion melanurus, CUVIER 1830
	Amphiprion bicolor, CASTELNAU 1873
	Actinicola nolani, WHITLEY 1959

Clown Anemonefish, Harlekin Anemonefish, Anemone Demoiselle

Körperform:	gedrungen, leicht oval
Größe:	bis ca. 11 Zentimeter
Farbkleid:	orange-rot, drei weiße Querbinden, wobei die mittlere in der Körpermitte einseitig nach vorne verstärkt ist
Verbreitung:	Indo-Pazifik

Philippinischer Rückenstreifen-Anemonenfisch

Amphiprion sandaracinos, ALLEN 1972

Synonyme:	–

White-backed Anemonefish, Orange Anemonefish

Körperform:	länglich oval
Größe:	bis 14 Zentimeter
Farbkleid:	rostbraun, weißer Rückenstreifen von der Oberlippe bis zur Schwanzflossenbasis
Verbreitung:	Indo-Pazifik

Zweifarben-Demoiselle

Chromis dimidiata, KLUNZINGER 1871

Synonyme: *Heliastes dimidiatus*, KLUNZINGER 1871

Bicolor Damselfish, Half-and-half Chromis

Körperform: oval seitlich abgeplattet; Schwanzflosse gegabelt
Größe: bis 9 Zentimeter
Farbkleid: vordere Körperhälfte schwarz, hintere weiß
Verbreitung: westlicher Indo-Pazifik, Rotes Meer

Rückenfleck-Preußenfisch

Dascyllus carneus, FISHER 1885

Synonyme: *Dascyllus reticulatus*, RICHARDSON 1846
Heliases reticulatus, RICHARDSON 1846
Dascyllus marginatus, MARSHALL 1952

Two-striped Damselfish, Blue-spotted Dascyllus, Two-bar Humbug

Körperform: rund, seitlich leicht abgeplattet; große Augen
Größe: bis 10 Zentimeter
Farbkleid: weiß, breite, schwarze Querbinde über der Brustflossenbasis, Kopf mittelbraun, hellblau gesprenkelt, Maul schwarz, erste Rückenflosse, Analflosse und Bauchflossen schwarz, Schwanzflosse und zweite Rückenflosse hellblau
Verbreitung: westlicher Indo-Pazifik

Samtjungferchen

Dascyllus trimaculatus, RÜPPELL 1828

Synonyme: *Pomacentrus trimaculatus*, RÜPPELL 1828
Pomacentrus nuchalis, BENNETT 1830
Dascyllus niger, BLEEKER 1847
Dascyllus axillares, SMITH 1936

Threespot Damselfish, Domino

Körperform: rund, leicht hochgebaut; große Flossen,
Größe: bis 14 Zentimeter
Farbkleid: schwarz, ein weißer Stirnfleck, je links und rechts ein weißer Fleck an der Rückenflossenbasis
Verbreitung: westlicher Indo-Pazifik

Behn's Jungferchen

Paraglyphidodon behni, BLEEKER 1847

Synonyme: *Glyphisodon behnii*, BLEEKER 1847
Glyphisodon xanthurus, BLEEKER 1853
Abudefduf filifer, WEBER 1913
Chromis bitaeniatus, FOWLER & BEAN 1928
Paraglyphidodon nigroris, CUVIER

Behn's Damsel

Körperform: oval; Rücken- und Afterflosse spitz zulaufend, Schwanzflosse gegabelt
Größe: bis 12 Zentimeter
Farbkleid: gelblich, ein kurzer Diagonalstreifen hinter dem Auge, Farbvarianten mit zwei breiten, dunklen Längsstreifen sind möglich
Verbreitung: Indopazifik

Weißband-Riffbarsch

Plectroglyphidodon leucozona, BLEEKER

Synonyme: *Plectroglyphidodon leucozonus*, BLEEKER

Whiteband Damselfish

Körperform:	oval, leicht hochgebaut; Schwanz leicht gegabelt
Größe:	bis 9 Zentimeter
Farbkleid:	dunkelgrau bis grünlich, breite, weiße Querbinde in der Körpermitte, Kopf etwas heller
Verbreitung:	Indo-Pazifik

Einfleck-Jungferchen

Pomacentrus stigma

Synonyme: –

Analspot Demoiselle

Körperform:	leicht oval
Größe:	bis 12 Zentimeter
Farbkleid:	dunkelbraun bis schwarz, Flossen etwas heller, dunkler Fleck auf der Analflosse
Verbreitung:	westlicher Indo-Pazifik

Prinzessjungferchen

Pomacentrus vaiuli, Jordan & Seale

Synonyme: –

Princess Damsel, Ocellate Damselfish

Körperform:	kräftig, hoch gebaut; Analflosse abgerundet
Größe:	bis 9 Zentimeter
Farbkleid:	blau-grün, deutlich abgesetzte Schuppen, dunkler Punkt am Rand des Kiemendeckels in Höhe der Augen, Augenfleck (schwarz, weißer Rand) auf der Rückenflosse
Verbreitung:	Pazifik
Sonstiges:	Farbvarianten bis ins tiefe Lila sind möglich

Blauer Schwalbenschwanz

Chromis cyaneus

Synonyme: *Chromis cyanea*

Blue Chromis

Körperform:	oval, seitlich abgeplattet, Schwanzflosse gegabelt
Größe:	bis 13 Zentimeter
Farbkleid:	Grundfärbung hellblau, mit dunkelblauem Rückenstreifen, Augen dunkel abgesetzt, Schwanzflosse an den Außenrändern dunkel gesäumt
Verbreitung:	Westlicher Atlantik (Karibik), auch vor den Bermudas und vor Kuba

Lippfische/ *Labridae*

Ordnung: Barschartige/ *Perciformes*
Unterordnung: Lippfischartige/ *Labroidei*

Lippfische sind meist die ersten Fische, die erscheinen, wenn der Taucher unter Wasser einen Stein umdreht. Die auf der Unterseite dieses Steines verborgenen, kleinen Muscheln, Schnecken, Seeigel oder auch Seesterne sind nämlich ihre Lieblingsbeute und Hauptnahrung. Viele Lippfische verfolgen andere Meeresbewohner, wie zum Beispiel Drückerfische und Seebarben, die den Meeresboden nach Nahrung durchwühlen, um so leichter an ihre Beute zu kommen. Andere wiederum drehen, sofern sie es schaffen, zu diesem Zwecke selbst kleine Steine und Korallen um.

Aber nicht alle Lippfische haben die gleichen Fressgewohnheiten. *Labroides dimidiatus,* ein Putzerfisch, wartet beispielsweise an bestimmten Stellen im Riff und sucht dort die Haut von größeren Tieren nach Parasiten ab.

Eibl-Eibesfeldt berichtet in seinem Buch »Die Malediven«: »Während der Putzer die Körperoberfläche des Wirtes absuchte, betrillerte er diesen mit den Bauchflossen. So teilte er ihm mit, wo er gerade tätig war, und der Wirt richtete sich danach. Er hielt die Flossen an der entsprechenden Stelle still oder hob den Kiemendeckel. Kam der Putzer an eine zusammengefaltete Flosse, dann bestupste er sie mit dem Maul, und der Wirt richtete sie auf. So verständigten sich beide ausgezeichnet.« (S. 109)

An den sogenannten »Putzerstationen« finden sich rasch Fische ein, um sich von den Putzerfischen reinigen zu lassen. Bis zu 250 Fische am Tag wurden bereits an einer einzigen Station beobachtet.

In der Regel leben Lippfische alleine. Auch bei den Lippfischen ist die Prorogynie, die Wechselgeschlechtlichkeit verbreitet.

Der größte Vertreter dieser Familie ist der Riesenlippfisch *(Cheilinus undulatus)*, der bis zu $2^1/_2$ m groß werden kann.

Diana's Lippfisch

Bodianus diana, LACEPEDE 1802

Synonyme: *Labrus diana*, LACEPEDE 1802

Diana's Wrasse

Körperform:	schlank
Größe:	bis 25 Zentimeter
Farbkleid:	gelb-braun bis rot, rote Augen, rot-weiße Bauchflossen, 4 bis 5 weiße Flecken auf dem Rücken, Rückenflosse rot gesäumt
Verbreitung:	Indo-Pazifik, Rotes Meer

Regenbogen-Lippfisch

Cheilinus diagrammus, LACEPEDE

Synonyme: –

Rainbowfish Wrasse, Cheek-lined Wrasse

Körperform:	spindelförmig, kräftig; Maul abgerundet,
Größe:	bis 35 Zentimeter
Farbkleid:	div. Farbvarianten, meist jedoch rote bis braune Bauchseite, darüber dunkelgrün, Kopf ebenfalls dunkel, hell gemasert, Rückflosse weiß gesäumt
Verbreitung:	Indo-Pazifik, Rotes Meer

Napoleonfisch/ Riesenlippfisch

Cheilinus undulatus, RÜPPELL

Synonyme: –

Napoleon Fish, Giant Wrasse

Körperform:	kräftig, hoch gebaut, seitlich abgeplattet; Stirn ist bei älteren Tieren vorgewölbt, kurze, kräftige Schwanzflosse, stark ausgebildete Lippen
Größe:	bis 2,3 Meter
Farbkleid:	grün, kurze, dunkle Querstreifen am Körper, Kopf hellblau gemasert, Flossen dunkel gemasert
Verbreitung:	Pazifik, Rotes Meer
Besonderheit:	bei juvenilen Napoleonfischen sind die kurzen, schwarzen Querstreifen noch gestreckt rautenförmig, die Grundfärbung deutlich heller, unter dem Auge befindet sich ein kurzer schwarzer Längsstreifen, der sich bis über die Wange erstreckt

Rotbrust-Lippfisch

Cheilinus fasciatus, BLOCH 1791

Synonyme: *Sparus fasciatus*, BLOCH 1791
Labrus enneacanthus, LACEPEDE 1802

Barred Wrasse, Scarlet-breasted maori Wrasse, Red-breasted Wrasse

Körperform: schlank, hochgebaut, kräftig
Größe: bis 35 Zentimeter
Farbkleid: mittelbraun bis grün, zahlreiche breite, weiße Querbinden, Kopf grün gemasert, auf dem Körper viele dunkle Flecken
Verbreitung: Indo-Pazifik

Teleskopfisch

Epibulus insidiator, PALLAS

Synonyme: –

Slingjaw Wrasse, Telescopefish

Körperform: kräftig, hoch gebaut; breite Schwanzflosse, After- und Rückenflosse weit ausgezogen, deutlich sichtbare rautenförmige Schuppen
Größe: bis 35 Zentimeter
Farbkleid: dunkelgrün, orangeroter Sattelfleck, Kopf weiß, dunkler Streifen vom Auge zum Kiemendeckel
Verbreitung: Indo-Pazifik, Rotes Meer

Orangefleck-Lippfisch

Coris angulata, LACEPEDE 1802

Synonyme: *Coris aygula*, LACEPEDE 1802
Julis rüppelli, BENNETT 1831
Julis gibbifrons, QUOY & GAIMARD 1834
Julis semipunctatus, RÜPPELL 1835

Clown Coris, Red-blotched Rainbowfish

Körperform: gedrungen; Rücken-, Schwanz- und Analflosse bilden fast eine Linie
Größe: bis 1,2 Meter (in der erwachsenen Form)
Farbkleid: weiß, im Kopfbereich schwarze Punkte, zwei orangefarbene Rückenflecken mit je einem schwarzen Augenfleck, Rückenflosse schwarz gepunktet, Schwanz- und Analflosse schwarz gesäumt
Verbreitung: Indo-Pazifik, Rotes Meer
Sonstiges: Die Abbildung zeigt die Jugendform von *Coris angulata.* Die erwachsene Version ändert ihr Farbkleid: der hintere Körperbereich wird dunkelbraun, der vordere grünlich mit dunklen Punkten.

Orange-Grüner Junker

Halichoeres biocellatus, SCHULTZ

Synonyme: –

Red-lined Wrasse

Körperform: spindelförmig; Kopf spitz zulaufend
Größe: bis 10 Zentimeter
Farbkleid: silbrig, orange-grün gemasert
Verbreitung: westlicher Indo Pazifik

Augenfleck-Junker

Halichoeres hortulanus, LACEPEDE 1802

Synonyme:	*Labrus centriquadrus*, LACEPEDE 1802 *Labrus hortulanus*, LACEPEDE 1802 (juv.) *Sparus decussatus*, BENNETT 1834 *Halichoeres eximius*, RÜPPELL 1835 *Tautoga notophthalmus*, BLEEKER 1865 (juv.) *Platyglossus centiquadrus*, WEBER 1913

Checkerboard Wrasse

Körperform:	länglich gedrungen
Größe:	bis 30 Zentimeter
Farbkleid:	heller Körper, pink-schwarze Maserung, dunkler Fleck auf der Rückenflosse, rote Augen, gelber Schwanz
Verbreitung:	Indo-Pazifik, Rotes Meer
Besonderes:	Die Abbildung rechts oben zeigt den Augenfleck-Junker im adulten Stadium. Die Abbildung rechts unten zeigt die juvenile Form.

Putzerfisch

Labroides dimidiatus, CUVIER & VALENCIENNES 1839

Synonyme: *Labrus latovittatus*, RÜPPELL 1835
Cossyphus dimidiatus,
CUVIER & VALENCIENNES 1839
Labroides paradiseus, BLEEKER 1862
Labroides bicincta, SAVILLE-KENT 1893
Labroides caeruleo-lineatus, FOWLER 1945

Cleaner Wrasse, Blue-streak Sea Swallow

Körperform: schlank
Größe: bis 12 Zentimeter
Farbkleid: cremefarben, vom Ende der Schwanzflosse bis zum Maul zieht sich ein sich verjüngender dunkelblauer Längsstreifen, hintere Rückenpartie und hintere Bauchpartie hellblau gesäumt
Verbreitung: Indo-Pazifik, Rotes Meer

Gelbstreifen-Regenbogenfisch

Halichoeres melanurus, BLEEKER

Synonyme: *Halichoeres kallichroma*, BLEEKER

Orange-tipped Rainbowfish, Three-eyed Wrasse

Körperform: schlank, spindelförmig, leicht hochgebaut
Größe: bis 12 Zentimeter
Farbkleid: grün, orangefarbene Längsstreifen, Kopf pink-blau gemustert, Schwanzstiel ebenso, gelbe Flecken auf den Kiemendeckeln
Verbreitung: westlicher Indo-Pazifik

Mondsicheljunker

Thalassoma lunare, LINNAEUS 1758

Synonyme:	*Labrus lunaris*, LINNAEUS 1758 *Scarus gallus*, FORSKÅL 1775 *Julis porphyrocephalus*, BENNETT 1832 *Julis meniscus*, CUVIER & VALENCIENNES 1839 *Julis trimaculatus*, RÜPPELL 1835 *Julis celebicus*, BLEEKER 1849 *Julis gracilis*, STEINDACHNER 1863

Moon Wrasse, Lyretail Wrasse

Körperform:	schlank, leicht gebogen; Schwanzflossenspitzen bilden kleine »Wimpel«
Größe:	bis 25 Zentimeter
Farbkleid:	grün, Schwanz- und Brustflossen blau, Kopf blau gemasert
Verbreitung:	Indo-Pazifik, Rotes Meer

Sattelfleck-Junker

Halichoeres spec.

Synonyme:	–

Wrasse Fish

Körperform:	spindelförmig; Kopf spitz zulaufend
Größe:	bis 20 Zentimeter
Farbkleid:	dunkelblau, deutlich sichtbare Schuppen, breite weiße Querbinde hinter dem Kiemendeckel, gelber Sattelfleck auf der Querbinde, Kopf pink und grün gemasert, Schwanzflosse rot gesäumt und weiß gepunktet
Verbreitung:	Indo-Pazifik

Rotstreifen-Lippfisch

Thalassoma quinquevittatus, LAY & BENNETT 1839

Synonyme: *Scarus quinquevittatus,* LAY & BENNETT 1839
Julis quadricolor, BLEEKER 1856
Julis güntheri, BLEEKER 1862
Julis rüppelli, KLUNZINGER 1871

Red-striped Wrasse, Fivestripe Wrasse

Körperform: schlank, leicht gebogen
Größe: bis 25 Zentimeter
Farbkleid: weiß, rotes, rautenartiges Muster entlang der Seitenlinie, Kopf pink-blau gemasert
Verbreitung: Indo-Pazifik, Rotes Meer

Schweinsfisch

Lachnolaimus maximus, CUVIER 1828–49

Synonyme: –

Hogfish

Körperform: Hochgebaut, Kopf spitz zulaufend, charakteristische fadenförmige Verlängerung der ersten drei Rückenflossenstrahlen
Größe: bis 70 Zentimeter
Farbkleid: Grundfärbung graurot bis grünlich, Exemplare aus größeren Tiefen auch rot bis orangerot, unpaarige Flossen des Männchens sind schwarz, ebenso die Stirn, Unterkiefer gelb
Verbreitung: Westlicher Atlantik (Karibik), auch vor den Bermudas und vor Kuba

Papageifische/ *Scaridae*

Ordnung: Barschartige/ *Perciformes*
Unterordnung: Lippfischartige/ *Labroidei*

Ihren Namen hat diese Familie auf Grund ihrer papageienschnabelartig zusammengewachsenen Zähne. Da der Oberkiefer über den Unterkiefer faßt, wird die Ähnlichkeit mit dem Papagei noch unterstrichen.

Die weitaus meisten Arten sind recht bunt gezeichnet, was sie zu beliebten Fotoobjekten macht. Große Schuppen bedecken den seitlich abgeplatteten, kräftig gebauten Körper.

Typische Tropenfische sind Papageifische nicht. Sie leben auch im Mittelmeer und im subtropischen Atlantik. Aber es gibt kaum ein Korallenriff in den Tropen, in dem keine Papageifische vorkommen. Sie ernähren sich hauptsächlich von Algen, die auf den Korallen gedeihen. Andere Arten fressen Korallenstückchen, die sie mit ihrem kräftigen Schnabel abbeißen. Alle Papageifische nehmen außerdem als Verdauungshilfe Sand oder Korallen auf. Es steht fest, daß diese Fische bei der Produktion von Korallensand mit den größten Beitrag leisten. Daneben gibt es einige Arten, bei denen zusätzlich noch Schalentiere auf dem Speiseplan stehen.

Der Papageifisch ist vorwiegend am Tage aktiv. Nachts hüllen sich einige Arten in einen »Schlafsack«, der aus einer Schleimhülle besteht, und sie vor unliebsamen Raubfischen schützt. Diese Hülle wird jede Nacht neu gebildet und löst sich auf, wenn der Fisch sie morgens verläßt.

Eigenartig ist der Schwimmstil von Papageifischen: sie »rudern« mit den Brustflossen und benutzen den Schwanz lediglich, wenn sie auf der Flucht sind.

X Papageifisch

Scarus ghobban, FORSKÅL 1775

Synonyme: *Scarus dussimieri*, CUVIER & VALENCIENNES
Scarus fehlmanni, SCHULTZ
Callyodon ghobban, FORSKÅL
Pseudoscarus pyrrhostethus, GÜNTHER
Scarus mus, SMITH

Blue-barred Orange Parrotfish, u. a.

Körperform: schlank, kräftig
Größe: bis 35 Zentimeter
Farbkleid: grünlich, Bauchseite blau, orangefarbenes Auge, blaue Brust-, Bauch- und Schwanzflossen
Verbreitung: Indo-Pazifik, Rotes Meer

TG 33; 34;

X Masken-Papageifisch

Scarus tricolor, BLEEKER 1847

Synonyme: *Scarus lepidus*, JENYNS
Callyodon pectoralis, VALENCIENNES

Tricolor Parrotfish

Körperform: oval; Papageienschnabel, große rautenförmige Schuppen
Größe: 40 Zentimeter
Farbkleid: grünlich bis rostbraun, Kopf blau gemasert, Schwanzflosse blau mit grünem Saum, Schnabel schwarz
Verbreitung: Indo-Pazifik, Rotes Meer

TG 33; 34;

Funken-Papageifisch

Scarus rubroviolaceus, BLEEKER 1849

Synonyme:	*Scarus paluca*, JENKINS *Scarus ruberrinus*, JORDAN & SEALE *Scarops rubroviolaceus*, BLEEKER *Callyodon lacerta*, SEALE *Calliodon upolensis*, JORDAN & SEALE *Pseudoscarus jordani*, JENKINS

Ember Parrotfish, Black-veined Red Parrotfish, Meadow Parrotfish

Körperform:	kräftig, leicht hochgebaut
Größe:	bis 66 Zentimeter
Farbkleid:	roter Bauch, Körper grüngrau mit hellen rauten- bzw. pentagrammähnlichen Flekken, Schnabel weiß, Flossen rötlich
Verbreitung:	Indo-Pazifik
Besonderheit:	Die Abbildung zeigt ein Weibchen, zu erkennen an der leichten Rotfärbung.

Rotbauch-Papageifisch

Scarus gibbus, RÜPPELL

Synonyme:	–

Bumphead Parrotfish

Körperform:	spindelförmig gedrungen; breite Schwanzflosse
Größe:	bis 70 Zentimeter
Farbkleid:	rötliche Bauchseite, darüber ins Grüne übergehend, Schwanzflosse gelb, Rücken- und Analflossen blau gesäumt, Maulpartie ebenfalls blau gesäumt
Verbreitung:	Indo-Pazifik, Rotes Meer

Rautenpapageifisch

Sparisoma viride

Synonyme: –

Stoplight Parrottfish

Körperform:	spindelförmig, leicht hoch gebaut; Schwanzflosse mit spitzen Enden
Größe:	bis 50 Zentimeter
Farbkleid	Weibchen: roter Bauch, große rautenartige Schuppen mit schwarzem Rand, restlicher Körper dunkelgrau, vereinzelte Schuppen sind weiß, Kopf dunkel gemasert
Farbkleid	Männchen: große rautenartige Schuppen, Körper grünblau, Kopf dunkelblau gemasert, zwei gelbe Flecken auf der Schwanzflosse, ein gelber Punkt auf dem Kiemendeckel, helle Linie von der Brustflossenbasis bis zur vorderen Bauchseite
Verbreitung:	westlicher Atlantik
Sonstiges:	die Abbildung rechts unten zeigt ein Männchen; die Abbildung rechts oben zeigt ein Weibchen

Grünflossen-Papageifisch

Scarus sordidus, FORSKÅL

Synonyme:	*Callyodon sordidus*, FORSKÅL *Callyodon bipallidus*, SMITH

Green-finned Parrotfish, Garned Red Parrotfish

Körperform:	gedrungen, spindelförmig; Maulpartie rundlich, kräftiger »Papageienschnabel«, kurze Schwanzflosse
Größe:	bis 50 Zentimeter
Farbkleid:	blau, Kopf grün-grau gemustert, grüne Flossen
Verbreitung:	Pazifik, Rotes Meer

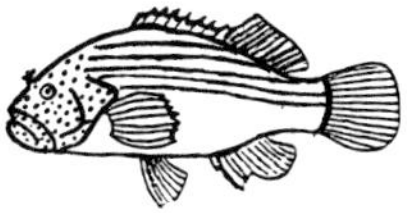

Korallenwächter/*Cirrhitidae*

Ordnung: Barschartige/*Perciformes*
Unterordnung: Barschfische/*Percoidei*

Die Korallenwächter oder Büschelbarsche haben ihr Familienmerkmal in der besonderen Form der Brustflossen, deren hintere fünf bis sieben Strahlen verdickt sind. Die dazwischenliegenden Membranen weisen einen tiefen Einschnitt auf. Sehr auffällig – und ebenfalls allen Familienmitgliedern gemeinsam – sind die kleinen »Büschelhaare« *(Cirri)* auf den harten Strahlen der Rückenflosse, sowie am hinteren Rande der Nasenlöcher.

Die bullige Körperform der Korallenwächter und das Fehlen einer Schwimmblase läßt auf schlechte Schwimmfähigkeiten schließen. Sie leben, mit Ausnahme des Langnasenfalkenfisches *(Oxycirrhites typus)*, im oberen Bereich der Riffe. Sie postieren sich an exponierten Stellen auf Korallenstöcken, von denen aus sie ihr Revier überwachen und gegen andere Fische verteidigen.

Auf dem Wachposten halten sie sich mit den Brustflossenstrahlen zwischen den Korallenverästelungen fest. Ihr Körper verharrt bewegungslos, nur die Augen drehen sich schnell hin und her. Wenn sie allerdings kleine Fische, Krustentiere oder Fischlarven erbeuten wollen, können sie blitzschnell aus ihrer Stellung hervorschießen. Ebenso schnell leiten sie ihren Rückzug in ein vorher erkundetes Versteck ein, wenn Gefahr droht. Leider entziehen sie sich auch Unterwasserfotografen im „Handumdrehen".

In der Familie der Korallenwächter finden wir 31 Arten, die sich auf 10 Gattungen verteilen. Die Hauptverbreitungsgebiete liegen im Indischen und Stillen Ozean.

Gepunkteter Korallenwächter

Cirrhitichthys aprinus, CUVIER 1829

Synonyme: *Cirrhites aprinus*, CUVIER 1829
Cirrhites graphidopterus, BLEEKER 1853
Cirrhitichthys analis, FOWLER 1938

Blotched Hawkfish, Spotted Hawkfish

Körperform: spindelförmig, hoch gebaut; Kopf leicht spitz zulaufend, Rückenflossenstacheln jeweils mit Büscheln besetzt
Größe: bis 7 Zentimeter
Farbkleid: beige, großflächig dunkel gefleckt, Stirn gepunktet, erste Rückenflosse gefleckt, zweite Rückenflosse gepunktet, Schwanzflosse einfarbig
Verbreitung: Indo-Pazifik

Büschelbarsch

Parracirrhites arcatus, CUVIER & VALENCIENNES 1829

Synonyme: *Cirrhites arcatus*, CUVIER & VALENCIENNES 1829
Cirrhites vittatus, CUVIER & VALENCIENNES 1829

Arc-eyed Hawkfish

Körperform: gedrungen
Größe: bis 14 Zentimeter
Farbkleid: rötlich, über dem Auge dunkler Fleck (orange und hellblau umrundet), von der Körpermitte bis zur Schwanzwurzel zieht sich ein breiter weißer Längsstreifen
Verbreitung: Indo-Pazifik

Langnasen-Falkenfisch

Oxycirrhites typus, BLEEKER 1857

Synonyme:	–

Long-nosed Hawkfish

Körperform:	schlank; spitzer Kopf, spitzes Maul, gut ausgebildete Rückenflossenstrahlen
Größe:	bis 13 Zentimeter
Farbkleid:	silbern, rote Längs- und Querstreifen, Brust- und Schwanzflossen transparent
Verbreitung:	gesamter Pazifik, Rotes Meer

Schlanker Korallenklimmer

Paracirrhites forsteri, BLOCH & SCHNEIDER 1801

Synonyme:	*Grammistes forsteri*, BLOCH & SCHNEIDER 1801 *Parus pantherinus*, LACEPEDE 1802 *Serranus tankervillae*, BENNETT 1834

Freckled Hawkfish, Forster's Curlyfin, Forster's Hawkfish

Körperform:	kräftig, hoch gebaut; auffallende Büschel auf der Stirn
Größe:	bis 25 Zentimeter
Farbkleid:	mittelbraun, Kopf schwarz gepunktet, dunkle und weiße, breite Längsstreifen beginnend hinter dem Kiemendeckel fortlaufend bis auf die Schwanzflosse
Verbreitung:	Indo-Pazifik, Rotes Meer
Sonstiges:	von dieser Art gibt es diverse Farbvarianten. Relativ häufig zu beobachten sind neben den mittelbraunen, tiefrote, tiefblaue und grünliche Färbungen

Krokodilfische/ *Parapercidae*

Ordnung: Barschartige/ *Perciformes*
Unterordnung: Drachenfische/ *Trachinoidei*

Krokodilfische sind vornehmlich Bodenbewohner. Man trifft sie in Tiefen zwischen 20 und 55 Meter. Zuweilen kommen sie auch in die Flachwasserzone der Lagunen. Dort liegen sie gut getarnt auf dem Sand. Ihr Verbreitungsgebiet erstreckt sich auf den Indischen Ozean und das Rote Meer.

Sie besitzen ein großes, dicklippiges Maul mit kleinen scharfen Zähnen und etwas höhergestellte Augen, deren Färbung mit in die Tarnfarbe des Körpers einbezogen ist. Die kürzeren, harten Strahlen der Rückenflosse heben sich deutlich von den weichen ab und verleihen ihnen ein drachenähnliches Aussehen (»Drachenfische«).

Männchen und Weibchen sind bei den Krokodilfischen unterschiedlich gekennzeichnet. Während beim Männchen die Färbung am Kopf Linien zeigt, befinden sich beim Weibchen dort schwarze Flecken. Ein weiteres Erkennungsmerkmal der Männchen sind je drei dunkle Punkte an den Körperseiten. Das Weibchen dagegen besitzt sechs bis sieben Punkte.

Die Krokodilfische warten auf dem Boden liegend, den Körper mit ihren Brustflossen etwas angehoben, auf vorbeitreibende Nahrung, die hauptsächlich aus kleinen Fischen und Krebsartigen besteht. Daneben suchen sie den Sand nach kleinen Organismen ab.

Ihre Eier legen die Krokodilfische ins Freiwasser. Erst nach dem Schlüpfen finden die Jungen den Weg zum Grund und in die flacheren Regionen.

Vielaugen-Krokodilfisch

Parapercis polyophthalma, CUVIER

Synonyme: –

Black-tailed Weever

Körperform: schlank; Augen hoch angesetzt, zwei nach unten gerichtete Bauchflossen, auf denen sich der Krokodilfisch gerne abstützt, Maul endständig
Größe: bis 25 Zentimeter
Farbkleid: cremefarben mit schwarzen Punkten, auffälliger schwarzer Fleck am Schwanzstiel
Verbreitung: westlicher Indo-Pazifik

Binden-Krokodilfisch

Parapercis cylindrica, (BLOCH 1792)

Synonyme:	*Sciaena cylindrica*, BLOCH 1792 *Bodianus sebae*, BLOCH & SCHNEIDER 1801

Banded Weever, Grubfish

Körperform:	länglich gedrungen
Größe:	bis 20 Zentimeter
Farbkleid:	dunkle Flecken an der Rückenflosse und schwarze Querbinden an der Bauchseite, heller Körpergrund
Verbreitung:	Indo-Pazifik

Gelbflecken-Krokodilfisch

Parapercis xanthosoma, BLEEKER

Synonyme:	*Neopercis xanthosoma*, BLEEKER

Spottyfin Weever, Whitebar Weever

Körperform:	schlank; gut entwickelte Bauchflossen, Augen hoch angesetzt
Größe:	bis 8,5 Zentimeter
Farbkleid:	beige, Rücken dunkel, teilweise gesprenkelt, dunkle Flecken an der Bauchseite
Verbreitung:	westlicher Indo-Pazifik

Schleimfische/ *Blenniidae* und *Salariidae*

Ordnung: Barschartige/ *Perciformes*
Unterordnung: Schleimfischartige/ *Blennioides*

Die Familie der Schleimfische untergliedert sich in über 300 verschiedene Arten. Nur selten werden Vertreter dieser Familie größer als 12 Zentimeter. Schleimfische besitzen einen nur schwach oder gar nicht beschuppten Körper, der von einer durch Hautdrüsen sich ständig erneuernden Schleimschicht umgeben ist (»Schleimfische«).

Die meisten Arten der Schleimfische leben auf dem Boden im Flachwasser der tropischen Meere. Einige Arten finden sich auch in kühleren Regionen, z. B. der Nordsee, nur wenige dagegen haben ihr Leben den Süßwasserbedingungen angepaßt, wie *Blennius fluviatilis,* den man im Gardasee beobachten kann. Die bekannten Felsenspringer zählen ebenfalls zu den Schleimfischen und leben amphibisch in den Brandungzonen an der ostafrikanischen Küste.

Der *Unterfamilie Blenniinae* fehlt die Schwimmblase. Sie schwimmen daher nur kurze Strecken und bevorzugen Punkte, von denen sie ihre Umgebung gut im Auge behalten können. Bei Gefahr ziehen sie sich blitzschnell in kleine Löcher zurück, die sie mit dem Schwanz voran beziehen. Nur ihr Kopf lugt hervor, wenn sie dann vom sicheren Versteck aus ihre Umgebung weiter beobachten.

Dem ruhigen und geduldigen Taucher können diese Tiere viel Freude bereiten, denn Schleimfische sind außerordentlich neugierig und untersuchen alle sich bewegenden Gegenstände. Sie flüchten jedoch schon bei den geringsten Anzeichen von Gefahr in die vorher festgelegten Reviere.

Ihre Nahrung besteht aus kleinen Weichtieren, Fischlarven, Krebsartigen und Algen. Bei der Brutpflege bewacht das Männchen die in Höhlen oder leere Muscheln plazierte Eiablage und verteidigt den Platz todesmutig auch gegen größere Feinde.

Die Unterfamilie der Säbelzahnschleimfische *(Nemophidinae)* besitzt anders als die Unterfamilie der *Blenniinae* eine Schwimmblase und unterscheidet sich daher in Lebens- und Verhaltensweise erheblich von dieser.

Säbelzahnschleimfische schwimmen am Tage frei über das Riff oder den Sandboden und ernähren sich von kleinen Wirbellosen oder Wurmartigen; einige Arten fressen auch die Tentakeln der Röhrenwürmer, *Ecsenius bicolor* sogar Korallenpolypen. Dem ausgeprägt entwickelten Gebiß mit hervorstehenden Eckzähnen verdanken die Säbelzahnschleimfische ihren Namen.

Die Arten der Gattung *Plagiotremus* und *Aspidontus* sind recht angriffslustig, aber sie machen sich nur an Friedfische heran, um ihnen kleine Stücke aus der Haut zu beißen. Skorpionfische, Schnapper oder gar Zackenbarsche meiden sie tunlichst.

Vom *Aspidontus taeniatus* ist bekannt, daß er versucht, mit seinem Farbkleid, der Körperform und den Schwimmbewegungen den Putzerfisch *Labroides dimidiatus* zu imitieren. Dadurch kann er sich unbemerkt größeren Fischen nähern, die sich auf »Putzerstation« befinden und diese dann blitzschnell überfallen. Insbesondere Jungfische werden häufig Opfer des Putzernachahmers. Oftmals erkennen sie ihn zu spät, oder sind einfach nicht darauf vorbereitet, denn der falsche Putzerfisch kommt viel seltener vor als der echte. Außerdem nähert sich der Putzernachahmer älteren Wirtsfischen sehr vorsichtig. Diese Tatsache erklärt, daß sich die Wirtsfische trotz der Gefahr immer wieder regelmäßig an den Putzerstationen einfinden.

Zum Schluß noch ein Tip für Unterwasserphotographen: Wer den Putznachahmer nicht auf Anhieb findet, sollte in Kalkröhren (Hülsen) der Röhrenwürmer, leeren Muschel- oder Schneckenhäusern und auch engen Felsspalten nachsehen. Dort versteckt sich *Aspidontus* während seiner Ruhepausen.

Schwarz-Gelber Schleimfisch

Ecsenius bicolor, DAY

Synonyme:	–

Blenny

Körperform:	schlank; zwei »Fühler« am Kopf, Augen hoch angesetzt
Größe:	bis 10 Zentimeter
Farbkleid:	vordere Körperhälfte schwarz, hintere Körperhälfte gelb bis rot
Verbreitung:	Indo-Pazifik

Ringelschleimfisch

Ecsenius dilemma, SPRINGER 1988

Synonyme: –

Blenny

Körperform: schlank; Augen hoch angesetzt, zwei »Fühler« am Kopf, Maul unterständig
Größe: bis 8 Zentimeter
Farbkleid: beige, rötliche Längsstreifen, dunkelbraune Querbinden, helle Streifen über den Augen
Verbreitung: Philippinen

Kristall-Schleimfisch

Ecsenius miniatus, KLAUSEWITZ

Synonyme: –

Blenny

Körperform: schlank; Augen hoch angesetzt, zwei »Fühler« am Kopf, Maul leicht unterständig
Größe: bis 7 Zentimeter
Farbkleid: fast transparent, weißlich, schwach schimmernde, dunkle Flecken
Verbreitung: Malediven

Zebrablenni

Meiacanthus grammistes

Synonyme: –

Grammistes Blenny

Körperform: schlank; runder Kopf
Größe: bis 8 Zentimeter
Farbkleid: weiß, drei schwarze Längsstreifen, Stirn gelb, Schwanzflosse schwarz gepunktet, Rücken- und Analflosse schwarz gesäumt
Verbreitung: westlicher Indo-Pazifik

Orangefarbener Schleimfisch

Plagiotremus rhinorhynchos, BLEEKER

Synonyme: –

Cleaner Mimic, Mimic Blenny

Körperform: schlank; Augen seitlich
Größe: bis 12 Zentimeter
Farbkleid: orange, auf jeder Seite zwei weiße Längsstreifen über den gesamten Körper, schwarzer Fleck am Schwanzstiel
Verbreitung: Indo-Pazifik, Rotes Meer

Juwelenblenni

Salarias luctuosus, WHITLEY

Synonyme: –

Blenny

Körperform: schlank, großer Kopf, oben angesetzte Augen, Maul leicht unterständig
Größe: bis 5 Zentimeter
Farbkleid: mittelbraun, grünliche, runde Flecken entlang der Seitenlinie, Nase weiß gepunktet, Bauchseite hell
Verbreitung: Indo-Pazifik

Putzernachahmer/ Falscher Putzerfisch

Aspidontus taeniatus, QUOY & GAIMARD 1834

Synonyme: *Petroscirtes paradiseus*, BLEEKER 1854
Petroscirtes azureus, JORDAN & SEALE 1906

False Cleanerfish

Körperform: schlank; Maul unterständig
Größe: bis 13 Zentimeter
Farbkleid: weiß, breiter schwarzer Längsstreifen, der sich von der Schwanzspitze zum Kopf hin verjüngt, Schwanzflosse blau gesäumt, Rücken- und Analflosse schwarz gesäumt
Verbreitung: Indo-Pazifik, Rotes Meer

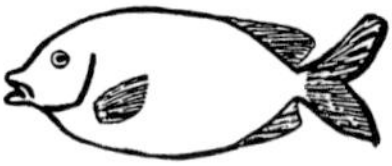

Kaninchenfische/ *Siganidae*

Ordnung: Barschartige/ *Perciformes*
Unterordnung: Doktorfischartige/ *Acanthuroidei*

Die Kaninchenfische werden wegen ihrer mümmelnden Kaubewegungen so genannt. Sie sind reine Vegetarier und befreien Steine und Korallen vom Algenbewuchs.

Ihr mit kleinen, dünnen Schuppen bedeckter Körper weist eine Besonderheit auf, die den Kaninchenfischen in älteren Büchern eine eigene Unterordnung *(Amphacanthini)* einbrachte: Ihre Bauchflossen beginnen und enden mit jeweils einem harten Strahl, in dem sich Giftdrüsen befinden. Gleiches gilt für die Rücken- und Afterflosse, welche 7 harte Strahlen mehr besitzen als die der anderen Barschartigen. Die Giftigkeit der Stacheln hat eine Schutzfunktion, denn die Kaninchenfische schlafen nachts mit aufgerichteten Flossen. Das Gift ist, wenngleich es auch heftige Schmerzen verursacht, für den Menschen nicht lebensgefährlich.

Ein weiteres Merkmal der Kaninchenfische ist der zu Beginn der Rückenflosse ansetzende, nach vorne gerichtete Dorn. Im Gegensatz zu den Doktorfischen fehlen ihnen jedoch die skalpellartigen Dornfortsätze am Schwanzstiel.

Die zwei Gattungen (*Siganus* und *Lo*) teilen sich in etwa 30 verschiedene Arten, die sowohl im Indischen als auch im Pazifischen Ozean sowie dem Roten Meer leben. Einige Arten sind vermutlich durch den Suezkanal ins Mittelmeer gelangt. Kaninchenfische erreichen eine Größe bis zu 40 Zentimeter. Sie bevorzugen die flachen Küstengewässer und finden sich zur Nahrungsaufnahme oft in großen Schwarmverbänden an und auf den Riffen ein. Manchmal dringen sie sogar ins Brackwasser vor; von zwei Arten ist bekannt, daß sie in das Süßwasser von Flußmündungen schwimmen (*S. vermiculatus* und *S. javus*).

Marmorierter Kaninchenfisch

Siganus argenteus, Quoy & Gaimard

Synonyme: *Siganus rostratus*, Valenciennes

Roman-nose Spinefoot, Stream-lined Spinefoot

Körperform:	oval, kräftig; stark entwickelte Rücken- und Bauchflossenstrahlen, kleines Maul, Augen hoch angesetzt
Größe:	bis 35 Zentimeter
Farbkleid:	beige-braun, dunkelbraun marmoriert
Verbreitung:	westlicher Indo-Pazifik, Rotes Meer

Gepunkteter Kaninchenfisch

Siganus chrysospilos, BLEEKER

Synonyme: –

Rabbitfish, Gold-spotted Spinefoot

Körperform:	kräftig, hoch gebaut; Maul klein und etwas abgesetzt
Größe:	bis 40 Zentimeter
Farbkleid:	grün-grau, Körper und Schwanzflosse schwarz gepunktet
Verbreitung:	westlicher Indo-Pazifik

Maskenwimpelfische/ *Zanclidae*

Ordnung: Barschartige/*Perciformes*
Unterordnung: Doktorfischartige/*Acanthuroidei*

Die Maskenwimpelfische bevölkern die Riffe des Indopazifiks und treten meist paarweise oder in kleinen Gruppen bis zu 6 Exemplaren auf. Dabei bevorzugen sie Wassertiefen bis zu 10 Meter.

Zu der Familie *Zanclidae* gehört nur eine einzige Art, der Maskenwimpelfisch *Zanclus cornutus.* Häufig findet sich aber in der Literatur mit *Zanclus canescens* noch ein zweiter Name, den Linnaeus schon 1758 in seinen Beschreibungen das erste Mal erwähnte. Es sollte sich erst viel später heraustellen, daß es sich um den gleichen Fisch handelte. *Zanclus canescens* war die Jugendform des Maskenwimpelfisches.

Im juvenilen Stadium ragen aus den Mundwinkeln zwei kleine Stachel hervor, die sich im Laufe des Wachstums zurückbilden. Die Schnauze prägt sich aus und bei den geschlechtsreifen Tieren bilden sich zwei kleine »Hörner« auf der Stirn. Diese Unterschiede führten zu der Annahme, es handele sich um verschiedene Arten.

Maskenwimpelfische werden bis zu 22 Zentimeter groß und besitzen ein auffälliges Farbkleid. Breite schwarz-weiß-gelbe Streifen ziehen quer über den recht hochgebauten Körper. Die Form ihrer Augen löst sich wirkungsvoll durch den ersten schwarzen Streifen auf, der mit etwas Phantasie an eine dunkle Maske erinnert. Der ständig aufgestellte Rückenflossenstrahl ist stark verlängert und weht wie ein Wimpel im Wasser. Für die Fische sind die plakative Farbgebung und der Wimpel Merkmale zur Arterkennung.

Viele Fischer verehren die Maskenwimpelfische, die sie liebevoll »Engelchen« nennen. Gerät ihnen versehentlich ein Engelchen ins Netz, so verbeugen sie sich, ehe sie den Fisch wieder ins Wasser setzen. Diese Verehrung mag auf den faszinierenden Anblick zurückgehen, der sich einem vom Boot aus bietet, wenn die Fische im Flachwasser das Riff nach Algen absuchen.

Maskenwimpelfisch

Zanclus cornutus, LINNAEUS 1758

Synonyme:	*Chaetodon canescens*, LINNAEUS 1758 *Zanclus canescens*, LINNAEUS 1758 *Zanclus centrognathus*, CUVIER & VALENCIENNES 1831 *Zanclus montrouzeri*, THIOLLIERE 1836 *Gnathocentrum centrognathum*, GUICHENOT 1866 *Zanclus ruthiae*, BRYAN 1906

Moorish Idol

Körperform:	rund, seitlich abgeplattet; Rückenflosse zu einem langen Wimpel ausgebildet, spitzes Maul, Bauchflosse stark nach unten ausgeweitet
Größe:	bis 22 Zentimeter
Farbkleid:	gelb, zwei breite, schwarze Querbinden, Schwanzflosse schwarz, orangefarbene Binde über der Nase, Binde ist schwarz gesäumt, Kopf weiß
Verbreitung:	Pazifik, Rotes Meer

Seebader/*Acanthuridae*

Ordnung: Barschartige/*Perciformes*
Unterordnung: Doktorfischartige/*Acanthuroidei*

Das charakteristische Merkmal der Seebader ist der skalpellförmige Dorn oder Stachel zu beiden Seiten ihres Schwanzstieles. Dieses Skalpell liegt verborgen in einer Falte, die nach vorne hin geöffnet ist. Ist der Fisch erregt, so stellen sich die Skalpelle auf und klappen nach vorn.

So entsteht eine gefährliche Waffe, die tiefe Schnittwunden verursachen kann. Deshalb werden die Seebader in der Taucherwelt auch Doktorfische genannt. Der Seebader kann diesen Dorn gezielt einsetzen – z. B. wenn er sich bedroht fühlt. Er teilt dazu mit seinem Schwanz schnelle, seitliche Schläge aus.

Der Dornfortsatz ist bei den meisten Arten farblich hervorgehoben (Warneffekt), um potentiellen Angreifern die Gefährlichkeit in Erinnerung zu bringen. Da diese Tiere sehr neugierig und zutraulich erscheinen, wird auch der Taucher an dieser Stelle vor Spielen mit Seebadern gewarnt. Nur allzu leicht sorgt das bei Erregung plötzlich ausgefahrene Skalpell für wenig positive Taucherlebnisse.

Die Seebader sind Schwarmfische. Sie treten in kleinen Gruppen oder in großen Schwärmen auf. Auffallend große Gruppen sind vor allem in den Nachmittagsstunden zu beobachten, wenn die Seebader sich zur Nahrungssuche auf dem Riffdach einfinden. Hier sticht auch die Fortbewegungsart der Seebader besonders ins Auge. Sie schwimmen mit den Brustflossen. Ihr Schwimmstil ähnelt daher dem des Papageifisches. Gesteuert wird mit dem Schwanz

– normalerweise rund ums Riff. Nur selten halten sich einzelne Arten im offenen Gewässer auf.

Die Ernährung besteht aus Algen und Seegräsern und auch aus kleinen Garnelenarten.

Streifendoktorfisch

Acanthurus lineatus, LINNAEUS 1758

Synonyme: *Chaetodon lineatus*, LINNAEUS 1785
Acanthurus vittatus, BENNETT 1828

Clown Surgeonfish, Blue-lined Surgeonfish

Körperform: gedrungen, leicht hoch gebaut, seitlich abgeplattet
Größe: bis 38 Zentimeter
Farbkleid: blau, gelbe, schwarz gesäumte Längsstreifen, Bauch blau, Schwanzflosse einfarbig
Verbreitung: Indo-Pazifik

Weißbrust-Doktorfisch/Weißkehl-Doktorfisch

Acanthurus leucosternon, BENNETT 1832

Synonyme: *Acanthurus delisiani,* CUVIER & VALENCIENNES 1835

White-breasted Surgeonfish, Powder-blue Tang

Körperform: rundlich, seitlich abgeplattet; hohe Stirn
Größe: bis 30 Zentimeter
Farbkleid: Körper blau, Kopf schwarz, weiße Brust (»Kehle«), Rückenflosse und Schwanzstiel gelb, Analflosse weiß, Schwanz schwarz-weiß gebändert
Verbreitung: Indo-Pazifik
Besonderheit: die Abbildung zeigt die Weißbrust-Doktorfische beim Algenweiden auf dem Riffdach

Weißschwanz-Doktorfisch

Acanthurus xanthopterus, CUVIER & VALENCIENNES 1835

Synonyme: *Acanthurus matoides,* BLEEKER 1850
Acanthurus blochi, GÜNTHER 1865
Theutis crestonis, JORDAN & STARKS 1895
Theutis argenteus, JORDAN & FOWLER 1902
Theutis güntheri, JENKINS 1903

Purple Surgeonfish, Yellowfin Surgeonfish

Körperform: oval, hoch gebaut, seitlich abgeplattet
Größe: bis 62 Zentimeter
Farbkleid: einfarbig blau bis grün, weiße Binde um den Schwanzstiel
Verbreitung: Pazifik

Rotmeer-Doktorfisch

Acanthurus sohal, FORSKÅL 1775

Synonyme: *Chaetodon sohal,* FORSKÅL 1775
Acanthurus carinatus,
BLOCH & SCHNEIDER 1801

Red Sea Surgeonfish, Red Sea Clown Surgeon

Körperform: oval, verjüngt sich zum Schwanz hin; Schwanzflossenspitzen als Wimpel ausgebildet, Brustflossen seitlich abgewinkelt, Kopf stark abgerundet
Größe: bis 40 Zentimeter
Farbkleid: grün bis hellblau, breite schwarze Längsstreifen, Wangen und Brust ohne Streifen, Rücken- und Analflossen schwarz, Schwanzstiel weiß, »Skalpell« orange-rot, Schwanzflosse schwarz mit hellblauem Saum
Verbreitung: Rotes Meer

Gelbschwanz-Segeldoktorfisch

Zebrasoma xanthurum, BLYTH 1852

Synonyme: *Acanthurus xanthurum,* BLYTH 1852

Yellowtail Surgeonfish, Yellowtail Sailfin Tang

Körperform: rundlich, seitlich abgeplattet; Kopf spitz zulaufend
Größe: bis 22 Zentimeter
Farbkleid: Körper dunkel, Rücken und Rückenflosse leuchtend blau, Bauch- und Analflosse blau, Brustflosse blau mit gelbem Saum, Schwanzflosse kräftig gelb, Kopf dunkel gepunktet
Verbreitung: Rotes Meer

Segelflossen-Doktorfisch

Zebrasoma veliferum, BLOCH 1797

Synonyme:	*Acanthurus veliferum*, BLOCH 1797 *Acanthurus rüppelli*, BENNETT 1835 *Acanthurus blochii*, BENNETT 1835 *Acanthurus suillus*, CUVIER 1829

Pacific Sailfin Tang, Sail-finned Surgeonfish

Körperform:	oval, seitlich abgeplattet; auffallend hohe Rückenflosse, spitzer Kopf
Größe:	bis 40 Zentimeter
Farbkleid:	dunkelbraun, feine gelbe Querstreifen, Bauchseite gelb gepunktet, Kopf weiß gepunktet, Schwanzflosse weiß gesäumt
Verbreitung:	Indo-Pazifik, Rotes Meer
Sonstiges:	Varianten mit weißen Querstreifen sind im Indischen Ozean häufiger

Blauer Doktorfisch

Acanthurus coeruleus, BLOCH & SCHNEIDER 1801

Synonyme:	*Acanthurus brousonetti*, DESMAREST 1823 *Acanthurus violaceus*, CASTELNAU 1855 *Acanthurus brevis*, POEY 1860 *Acanthurus nigricans*, GOODE 1879

Blue Tang

Körperform:	rundlich, seitlich abgeplattet; hohe Stirn
Größe:	bis 37 Zentimeter
Farbkleid:	Grundfärbung blau, mit etwas dunkleren Längsstreifen, Augen dunkel abgesetzt, Skalpell kräftig gelb
Verbreitung:	Westlicher Atlantik (Karibik), auch vor den Bermudas und vor Kuba

Nasenfische/ *Nasidae*

Ordnung: Barschartige/ *Perciformes*
Unterordnung: Doktorfischartige/ *Acanthuroidei*

Nasenfische besiedeln alle tropischen Meere. Sie halten sich meist in Riffnähe auf wo sie in losen Verbänden leben und Plankton aus dem Wasser schnappen. Auch Algen zählen zu ihrer Nahrung.

Die Körperfärbung der Nasenfische ist vorwiegend dunkelbraun. Dadurch verwischen sie im Schwarm und vor dem Hintergrund des dunklen Riffs ihre Körperkonturen. Wenn ein größerer Räuber sie ausmacht, ist es ihm nahezu unmöglich, einen einzelnen Fisch ins Visier zu nehmen.

Wirbt ein Männchen um ein Weibchen, so strahlen der Sattelfleck und die Querbinden hellblau. Das gleiche Leuchten kann man an den Putzerstationen beobachten, wenn der Putzer an den Nasenfischen zupft. Ist das Werben beendet, verbleichen die Farben wieder; denn eine dauernde Farbenpracht würde diese Fische gefährden.

Die Tarnfarbe ist aber nicht der einzige Schutz des Nasenfisches. Dornfortsätze am Schwanzstiel können einem Angreifer tiefe Wunden zufügen. Im Unterschied zu den Seebadern, die ausklappbare Stachel besitzen, sind die Nasenfische mit zwei feststehenden Dornen an jeder Seite des Schwanzstieles ausgestattet.

Die jungen Nasenfische haben eine hellere Färbung und eine runde Körperform. Schon bei ihnen erkennt man eine kleine Wölbung auf der Stirn, die später zu einem regelrechten »Horn« heranwächst. Dieses für Nasenfische typische Horn hat ihnen auch den Namen »Nashornfische« eingebracht. Die maximale Gesamtlänge der Nasenfische beträgt ca. 75 Zentimeter.

Kurznasen-Doktorfisch

Naso brevirostris, CUVIER & VALENCIENNES 1835

Synonyme: *Naseus brevirostris*, CUVIER & VALENCIENNES 1835
Naseus hoedti, BLEEKER 1835
Keris amboinensis, BLEEKER 1852

Spotted Unicornfish, Short-nosed Unicornfish

Körperform: langgestreckt oval; Schwanzflosse dreieckig, langes »Horn« auf der Stirn
Größe: bis 60 Zentimeter
Farbkleid: braun, dunkel gemasert, Schwanzflosse blau, heller Sattelfleck hinter dem Kiemendeckel, Kopfpartie dunkel gesprenkelt
Verbreitung: Indo-Pazifik, Rotes Meer
Besonderheit: In Stressituationen kann sich das Farbkleid plötzlich und vollständig ändern

Kuhkopf-Doktorfisch

Naso lituratus, BLOCH & SCHNEIDER 1801

Synonyme: *Callicanthus lituratus*, BLOCH & SCHNEIDER 1801
Acanthurus lituratus, BLOCH & SCHNEIDER 1801
Aspidurus elegans, RÜPPELL 1828

Smooth-head Unicornfish, Orange-spine Unicornfish, Poll Unicornfish

Körperform: langgestreckt oval, seitlich abgeplattet; Schwanzflossenspitzen zu Wimpeln ausgebildet, zwei »Skalpelle« auf jeder Seite des Schwanzstieles, spitzes Maul
Größe: bis 45 Zentimeter
Farbkleid: mittelbraun, Schwanzstiel orange mit weißer Querbinde, Analflosse rot gesäumt, Schwanzflosse gelb gesäumt, Rückenflosse schwarz und weiß gesäumt, Augenumfeld gelb, Stirn dunkel mit gelbem Saum
Verbreitung: Indo-Pazifik, Rotes Meer

Doktorfisch

Naso hexacanthus, BLEEKER

Synonyme: –

Black Unicornfish, Six spine Surgeonfish

Körperform: oval, nach hinten spitz zulaufend, seitlich abgeplattet; kräftige dreieckige Schwanzflosse
Größe: bis 75 Zentimeter
Farbkleid: hellblau bis hellgrün, Schwanzflosse leuchtend blau
Verbreitung: westlicher Indo-Pazifik, Rotes Meer

Maskendoktorfisch

Naso vlamingi, CUVIER & VALENCIENNES 1835

Synonyme:	*Naseus vlamingi*, CUVIER & VALENCIENNES 1835

Bignose Unicornfish, Zebra Unicornfish, Vlaming's Unicornfish

Körperform:	oval, langgestreckt; Schwanzflossenspitzen zu Wimpeln ausgebildet, Stirn mit kleinem Buckel, lange hohe Rückenflosse
Größe:	bis 60 Zentimeter
Farbkleid:	grün-blau, Kopf grün, blaue Nasenbinde, blaues Maul, Brust- und Rückenflosse blau, Bauchflosse schwarz, Schwanzflosse schwarz, Schwanzflossenwimpel hellblau
Verbreitung:	Indo-Pazifik

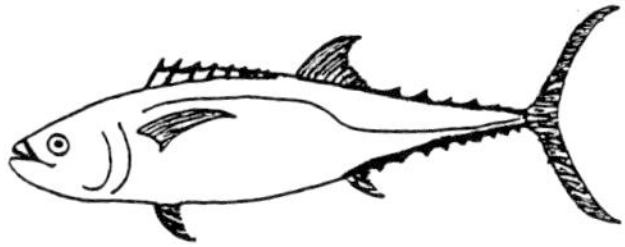

Thunfische/ *Thunnidae*

Ordnung: Barschartige/ *Perciformes*
Unterordnung: Makrelenartige/ *Scombroidei*

Die Familie der Thunfische zählt zu den reinen Hochseebewohnern und den schnellsten Schwimmern des Meeres. Sie werden lediglich von den Schwertfischen *(Xiphiiden)* und den Marlins/Segelfischen *(Istiophoriden)* übertroffen, die Geschwindigkeiten bis 95 km/h erreichen können.

In der Literatur werden die Thunfische häufig in die Familie der Makrelen *(Scombridae)* eingereiht, wo sie dann als Unterfamilie neben den echten Makrelen *(Scomber)* und den Bonitos *(Katsuwonus)* stehen.

Thunfische besitzen eine torpedoartig langgestreckte Körperform. Auffällige Merkmale sind ein sich stark verjüngender Schwanzstiel mit einer typischen Gabelschwanzflosse. Alle Arten dieser Familie besitzen eine grünblaue Grundfärbung, die zum Bauch hin meist metallicsilbern wird und perlmutt bis rosa schimmert. Von unten sind sie weiß, so daß sie gegen die Wasseroberfläche gesehen, kaum ausgemacht werden können.

Ihre stark durchblutete Muskulatur verleiht den Thunfischen eine für Fische ungewöhnliche Rotfärbung des Fleisches und macht sie nicht nur zu schnellen, sondern auch ausgesprochen ausdauernden Schwimmern. Sie können bis zu 2,5 m lang und 300 kg schwer werden.

Thunfische wachsen außerordentlich schnell und erreichen bereits nach einem Jahr eine Länge von über 20 cm und im zweiten Jahr 30 cm. Danach wachsen sie nur noch 2 cm pro Jahr.

Rüppell's Thunfisch

Gymnosarda unicolor, RÜPPELL

Synonyme: *Pelamys nuda*, GÜNTHER

Scaleless Tuna, Pigtooth Tuna, Rüppell's Bonito

Körperform: spindelförmig; sichelförmige Schwanzflosse, seitlich abgespreizte Brustflossen, Bauch-, Anal- und zweite Rückenflosse auffallend dreieckig, erste Rückenflosse flach mit harten Strahlen, knöcherne Erhebungen zwischen der zweiten Rückenflosse und dem Schwanzstiel, sowie zwischen Analflosse und Schwanzstiel

Größe: bis 1,5 Meter

Farbkleid: Rücken stahlblau, an den Seiten heller, zur Bauchseite silbrig

Verbreitung: alle tropischen Meere

Schläfergrundeln/ *Eleotridae*

Ordnung: Barschartige/ *Perciformes*
Unterordnung: Grundelartige/ *Gobioidei*

Die Schläfergrundeln sind eng mit den Grundeln *(Gobiidae)* verwandt und werden dort häufig als Unterfamilie *(Eleotrinae)* geführt, weil sich beide Familien sehr ähneln. Man ordnet den Schläfergrundeln etwa 45 bis 50 Gattungen mit ca. 200 Arten zu.

Ihr länglicher, etwa sechs bis zehn Zentimeter großer Körper besitzt zwei voneinander getrennte Rückenflossen, von denen die erste einen aufrichtbaren harten Strahl besitzt, der deutlich länger ist. Während bei den Grundeln die beiden Bauchflossen verwachsen sind und sich zu einer Saugscheibe entwickelt haben, verfügen die Schläfergrundeln über getrennte Bauchflossen. Ihren Namen verdanken sie dem Vorkommen von Guanin-Kristallen in den Augenlinsen. Diese verursachen einen matten Glanz und verleihen ihnen einen gewissen »Schlafzimmerblick«.

Die solitär oder paarweise lebenden Fische schlafen in der Tat viel: sie verlassen nur zur Nahrungsaufnahme ihre Verstecke. Über diesen stehen sie dann im sicheren Abstand, so daß sie sich bei Gefahr sofort zurückziehen können. Auf dem Speiseplan der kleineren Arten stehen Wirbellose, Fischlarven und Plankton. Die größeren ernähren sich von Fisch.

Schläfergrundeln sind Bodenbewohner und bevorzugen die flacheren Regionen des Indopazifiks. Es wird jedoch vermutet, daß ihr Verbreitungsgebiet noch darüberhinausreicht. Nur wenige Arten leben im Brack- oder Süßwasser.

Rotbinden-Schläfergrundel

Amblyeleotris aurora

Synonyme: –

Pinkbar Goby

Körperform:	schlank; Augen hoch angesetzt, zwei Rükkenflossen
Größe:	bis 9 Zentimeter
Farbkleid:	silbrig, breite, den Körper umspannende orangefarbene Querbinden, leuchtend roter Fleck auf der Wange
Verbreitung:	westlicher Indo-Pazifik

Orangeflecken-Grundel

Fusigobius longispinis, GOREN

Synonyme: –

Gave Goby, Butterflyfin Goby

Körperform:	schlank; Augen hoch angesetzt, erster Rückenflossenstrahl als Wimpel ausgebildet
Größe:	bis 10 Zentimeter
Farbkleid:	fast transparent mit orangefarbenen Punkten, dunkle Flecken in Längsrichtung
Verbreitung:	Indo-Pazifik

Feuerschläfergrundel

Nematoleotris magnifica, FOWLER 1938

Synonyme: –

Firefish

Körperform: schlank; erste Rückenflosse mit langem Wimpel, lange, schlanke Bauchflossen
Größe: bis 9 Zentimeter
Farbkleid: weiß, gelber Kopf, letztes Körperdrittel rot, mit schwarzen Längsstreifen auf der zweiten Rücken- und der Analflosse sowie auf der Schwanzflosse, »Wimpel« ist rotgelb
Verbreitung: Indo-Pazifik

Schwarzschwanzgrundel

Ptereleotris evides, JORDAN & HUBBS

Synonyme: *Ptereleotris tricolor*, SMITH

Scissor-tailed Goby, Blackfin Gudgeon, Spottail Gudgeon

Körperform: schlank, leicht gebogen; Schwanzflosse gegabelt, Rücken- und Analflosse segelartig ausgebildet
Größe: bis 12 Zentimeter
Farbkleid: vordere Körperhälfte hellblau, hintere Körperhälfte schwarz, Schwanzflosse hell mit schwarzem Saum
Verbreitung: Indo-Pazifik, Rotes Meer

Grundeln/ *Gobiidae*

Ordnung: Barschartige/ *Perciformes*
Unterordnung: Grundelartige/ *Gobioidei*

Diese Familie zählt zu den gattungs- und artenreichsten der Fischwelt. Sie bereitet den Wissenschaftlern hinsichtlich der systematischen Aufgliederung viel Kopfzerbrechen. Derzeit zählt man etwa 200 Gattungen mit rund 2000 Arten zu den Grundeln. Sie sind eng mit den Schläfergrundeln *(Eleotridae)* verwandt und so trifft der Interessierte in weiterführender Literatur immer wieder auf unterschiedliche Angaben. Nicht zuletzt deshalb wurde in diesem Buche konsequent nach der wissenschaftlichen Systematisierung von KLAUSEWITZ vorgegangen. Mit Hilfe dieser Systematik kann man sich auch in anderen Werken gut zurechtfinden.

Grundeln sind überwiegend Bodenbewohner der tropischen und subtropischen Küstengewässer und ernähren sich in der Regel von Fischlarven, kleinen Organismen und Plankton. Nur wenige sind in kalten Meeren anzutreffen. Einige Arten leben im Brackwasser, andere wiederum ganz im Süßwasser. In Anpassung an unterschiedlichste Umweltbedingungen entwickelten sie im Laufe der Evolutionsgeschichte interessante Überlebensstrategien und Verhaltensweisen.

Da gibt es z. B. die Schlammspringer *(Periophthalmus)*. Sie überdauern die Ebbe in kleinen Wasserlachen und leben nach deren Austrocknen amphibisch. Wenn die Grundelart *Bathigobius soporator* vom Niedrigwasser überrascht wird, so findet sie über mehrere Lachen hinwegspringend den Weg zum Meer zurück. Versuche ergaben, daß sie sich an diesen Weg noch nach 40 Tagen Gefangenschaft erinnerte.

Andere Grundelarten (z.B. *Typhlogobius californiensis*) leben blind in Höhlen oder im Riffinneren. Ein mitbewohnender Krebs sorgt durch den Bau von kleinen Gängen für eine ständige Wasserzirkulation, die Nahrung in Form kleiner Organismen herbeitreibt. Stirbt der Krebs, so ist auch der Tod der von ihm abhängigen Grundel vorprogrammiert.

Eine weitere Symbiose mit Krebsen ist von den Grundelgattungen *Cryptocentrus, Obtortiophagus, Lotilia* und *Vanderhorstia* bekannt. Auf den Sandflächen unterhalten die meist paarweise zusammenlebenden *Alpheus*-Krebse kleine Höhlen und sind ständig damit beschäftigt, sie vom eingeschwemmten Sand freizuhalten, aus dem sie ihre Nahrung filtern. Die fast blinden Garnelen halten dabei über ihre Fühler Kontakt zu den Grundeln, die den Höhleneingang bewachen. Droht Gefahr, so alarmiert die Grundel den Krebs durch kurze Flossenschläge und beide flüchten in den Unterschlupf. Die Entwarnung wird durch rhythmische Schwanzbewegungen signalisiert.

Diese Symbiose ermöglicht das Überleben auf den dekkungsarmen Sandflächen. Die Grundeln finden bei Gefahr Schutz in den Höhlen und warnen dafür die Garnelen rechtzeitig, die ihrerseits nunmehr in der Lage sind, die Sandoberfläche für die Nahrungssuche zu nutzen.

Die meisten solitär lebenden Grundelarten sind revierbildend, wenn auch das Revier oftmals nicht größer als einen Quadratmeter ist. Nur wenige bilden kleine Verbände oder leben freischwimmend.

Die kleinsten Grundeln finden sich bei den Philippinen *(Pandaca pygmaea).* Die Weibchen erreichen eine Länge von 11 Millimeter, Männchen nur 7,5 Millimeter. Damit sind die Männchen zugleich die kleinsten Wirbeltiere der Welt. Durchschnittlich werden die Arten dieser Familie zwischen vier und zehn Zentimeter groß.

Augenbinden-Grundel

Gnatholepis spec.

Synonyme: –

Masked Goby

Körperform:	langgestreckt; hochstehende Augen
Größe:	bis 5 Zentimeter
Farbkleid:	silbrig, fast transparent; dunkle Linie über Wangen und Augen; auf dem Körper kleine braune Punkte
Verbreitung:	tropischer West-Pazifik

Ziegelbarsche / *Malacanthidae*

Streifenschwanzziegelbarsch

Malacanthus brevirostris, GVICHENOT

Synonyme: *Malacanthus hoedtii,* BLEEKER

Banded Blanquillo, Quakerfish

Körperform:	schlank, Augen leicht hoch angesetzt
Größe:	bis 60 Zentimeter
Farbkleid:	mittelbraun bis fast weiß, an der Schwanzflosse zwei parallele, schwarze Längsstreifen
Verbreitung:	Indo-Pazifik, Rotes Meer
Besonderes:	Trotz augenscheinlicher Ähnlichkeit zu den Grundeln, bilden die Ziegelbarsche eine eigene Familie

Skorpionfische/ *Scorpaenidae*

Ordnung: Panzerwangen/ *Scorpaeniformes*
Unterordnung: Echte Panzerwangen/ *Scorpaenoidei*

Mit 8 Unterfamilien, ca. 60 Gattungen und etwa 310 Arten bilden die Skorpionfische eine recht große Familie, die sich mit Ausnahme der antarktischen Regionen auf alle Meere verteilt.

Verschiedene Forscher werten aufgrund des Umfanges und des unterschiedlichen Aussehens der Fische einzelne Unterfamilien als eigenständige Familien. So wird auch bei dieser Familie der ichthyologisch interessierte Leser immer wieder auf unterschiedliche Angaben stoßen.

Skorpionfische leben in Boden- bzw. Riffnähe und werden je nach Art bis zu 35 Zentimeter groß. Ihr Kopf ist mit Knochenplatten gepanzert (»Panzerwangen«). Er ist im Vergleich zum Körper relativ groß. Die Knochenplatten sind, ebenso wie die Kiemendeckel, zum Teil mit Stacheln versehen. Das Maul ist endständig, manchmal leicht nach oben versetzt.

Alle Arten dieser Familie besitzen stark ausgeprägte Rückenflossenstrahlen. Besonders auffällig sind die der Feuerfische *(Pteroinae).* Und alle Skorpionfische besitzen an diesen Strahlen Giftdrüsen, die ein äußerst gefährliches Gift produzieren, dessen Wirkung weit unterschätzt wird (siehe Kap. Steinfische S. 324: Erste Hilfe). Daher nennt man sie auch Drachenköpfe.

Während sich die Meersauen *(Scorpaeninae)* überwie-

Verzierte Drachenköpfe tarnen sich gut

gend gut getarnt auf dem Boden versteckt halten, schweben die Feuerfische *(Pteroinae)* in wunderschöner Farbpracht grazil an den Riffen entlang. Sie tragen auch den Beinamen »Blumen der Meere«.

Feuerfische sind sich ihrer Giftigkeit sehr wohl bewußt und setzen die Rückflossen gezielt zur Verteidigung ein. Daher wird ihr leuchtendrotes Farbkleid zur unmißverständlichen Warnung für jeden Räuber.

Bemerkenswert ist die von den Feuerfischen entwickelte Jagdmethode: Sie ernähren sich hauptsächlich von kleinen Fischen, die sie mit gespreizten Brustflossen am Riff in die Enge treiben. Die Membranen zwischen den Brustflossenstrahlen weisen zu jeder Seite ein rundes, »transparentes Fenster« auf, durch das die Beute dann zu flüchten versucht. So schwimmt sie dem Feuerfisch direkt in die Arme und kann leicht von ihm geschnappt werden.

Bei Gefahr spreizen Drachenköpfe die Brustflossen

Strahlenfeuerfisch

Pterois radiata, CUVIER & VALENCIENNES 1829

Synonyme: *Pteropterus radiatus*, CUVIER & VALENCIENNES 1829
Pterois cincta, RÜPPELL 1835

Radial Firefish, Longhorn Firefish, Clearfin Turkeyfish

Körperform: kräftig, hoch gebaut; auffallend verlängerte Brust- und Rückenflossenstrahlen, zwei »Antennen« am Kopf
Größe: bis 20 Zentimeter
Farbkleid: dunkelrot, weiße Querstreifen, Kopf hellrot, Flossenstrahlen weiß
Verbreitung: Indo-Pazifik, Rotes Meer

Augenfleck-Rotfeuerfisch

Nemapterois biocellatus, FOWLER 1938

Synonyme: –

Lionfish

Körperform:	kräftiger Körper, fächerartige Brust- und Rückenflossen, am Kopf zwei gelb-schwarze, kräftige Antennen
Größe:	bis 14 Zentimeter
Farbkleid:	dunkelbraun-roter Körper, zwei Augenflecken auf der hinteren Rückenflosse, kräftig gemusterte Flossenmembranen
Verbreitung:	Westl. Indo-Pazifik

Verzierter Drachenkopf

Scorpaenopsis cirrhosa, THUNBERG 1793

Synonyme: *Perca cirrhosa,* THUNBERG 1793
Scorpaena papuensis,
CUVIER & VALENCIENNES 1829
Scorpaenopsis novae-guinae,
BLEEKER 1876
Scorpaenopsis rosea, DAY 1878

Hairy Stingfish, Raggy Scorpionfish

Körperform:	gedrungen; großer Kopf, Körper läuft nach hinten spitz zu, ausgeprägte Rückenflossenstacheln, Körper ist übersät mit Hautfetzen
Größe:	bis 30 Zentimeter
Farbkleid:	rot bis braun, teilweise mit weißen Flecken besetzt, ausgezeichnete Tarnung
Verbreitung:	Indo-Pazifik, Rotes Meer

x **Rotfeuerfisch**

Pterois volitans, LINNAEUS 1758

Synonyme: *Casterosteus volitans*, LINNAEUS 1758
Scorpaena miles, BENNETT 1837
Pterois muricata,
CUVIER & VALENCIENNES 1829

Lionfish, Fireworkfish, Devil Firefish, Featherfish

Körperform: untersetzt, hoch gebaut; extrem verlängerte Rücken- und Brustflossenstrahlen, Augen hoch angesetzt, zwei »Antennen« am Kopf

Größe: bis 35 Zentimeter

Farbkleid: rot-braun mit weißen, schwarz gesäumten Querbinden zwischen den verlängerten Flossenstrahlen, Membranen mit Augenflecken, zweite Rückenflosse, sowie Schwanz- und Analflosse fast transparent mit vereinzelten schwarzen Punkten

Verbreitung: westlicher Indo-Pazifik, Rotes Meer

Sonstiges: Die Abbildung rechts oben zeigt einen Rotfeuerfisch in seiner Jugendform. Hier sind die im Vergleich zur adulten Form (s. Abbildung rechts unten) wesentlich grazilere Ausbildung der Flossenstrahlen und die hellere Färbung deutlich zu sehen.

TG 35;

Antennen-Rotfeuerfisch

Pterois antennata, BLOCH 1787

Synonyme: *Scorpaena antennata,* BLOCH 1787

Firework Fish, Devilfish

Körperform: kräftiger Körper mit langen Brust- und Rückenflossenstrahlen, am Kopf zwei »Antennen«
Größe: bis 30 Zentimeter
Farbkleid: weiße Querbinden auf braunem bis rotem Grund, dunkle Flecken auf den Flossenmembranen
Verbreitung: Indo-Pazifik

Steinfische/ *Synanceidae*

Ordnung: Panzerwangen/ *Scorpaeniformes*
Unterordnung: Echte Panzerwangen/ *Scorpaenoidei*

Der in der Literatur oft in die Familie der Skorpionfische eingereihte Steinfisch ist ein Meister der Tarnkünste. Wie der Name schon sagt, sieht er aus wie ein Stein und paßt sich seiner Umgebung perfekt an. Sein Körper ist mit vielen Hautanhängseln versehen und sogar mit Algen bewachsen, so daß manchmal kleine Fische auf seinem Rükken sitzen, ohne es zu bemerken. Der Algenbewuchs wird von Zeit zu Zeit durch eine körperumziehende Schleimschicht abgestoßen.

Die ausgezeichnete Tarnung der Steinfische hat ihren guten Grund: Da sie schlechte Schwimmer sind, müssen sie unerkannt auf kleine, dicht an ihrem Maul vorbeischwimmende Fische warten, um sie dann blitzschnell mit einer Saug-Schnappbewegung wegzufangen.

Steinfische besiedeln die Riffregionen des Stillen und Indischen Ozeans und des Roten Meeres. Sie leben solitär und erreichen eine Länge von maximal 30 Zentimeter.

Vorsicht! Diese Fische sind die giftigsten der Welt! Am Ansatz der harten Rückenflossenstrahlen befinden sich Giftdrüsen. Steinfische überdauern die Ebbe in Pfützen auf dem Riffdach. Da sie gerade dort leicht übersehen werden, kommt es immer wieder zu – leider auch tödlichen – Verletzungen. Bei einer Stichverletzung durch den Steinfisch entleert sich auf Druck die Giftdrüse, wobei pro Stachel bis zu 9 mg des Giftes abgegeben werden können. Dieser Fisch besitzt 13 Stacheln ...

Im Falle eines Stiches setzen sofort starke Schmerzen ein, die betroffene Stelle schwillt an und wird gefühllos bis gelähmt. Hinzu kommen schwere Störungen des Nervensystems, die zum Herzstillstand führen können. Die Schmerzen können bis zu 10 Stunden anhalten.

Abszesse und Nekrosen sind häufig die Folgen von solchen überaus schwer heilenden Wunden. Die Schwellungen gehen oft erst nach Wochen langsam wieder zurück.

Ähnliche Folgen hat der Stich eines Rotfeuerfisches *(Pterois volitans)*, dessen Gefährlichkeit ebenfalls vielfach unterschätzt wird. Gegen Steinfischgift wurde inzwischen zwar ein Gegengift entwickelt, aber die Zusammensetzung des Rotfeuerfischgiftes ist immer noch nicht genau bekannt und die Behandlung daher immer noch nicht exakt zu definieren.

Sowohl bei einer *Vergiftung* durch den Rotfeuerfisch als auch durch den Steinfisch muß unbedingt *erste Hilfe* geleistet werden: Patient hinlegen, verletzte Stelle hochhalten! Man sollte unbedingt versuchen, ein weiteres Eindringen des Giftes in den Körper zu verhindern: Abbinden, Spülen der Wunde, evtl. Wunde vergrößern und ausbluten lassen. Alle diese Maßnahmen sind jedoch nur sinnvoll, wenn zwischen dem Unfall und der Ersten Hilfe nicht mehr als ca. eine halbe Stunde liegt.

Da das Gift nicht wärmebeständig ist, nach dem Säubern der Wunde die verletzte Stelle in heißes Wasser tauchen (50°–70° Celsius). Heiße Kompressen wirken ebenfalls. Diese Prozedur sollte 30–90 Minuten lang durchgeführt und bei Bedarf wiederholt werden. Hierdurch wird der Schmerz gelindert und das Gift neutralisiert.

Danach muß sofort der nächste Arzt aufgesucht werden. Dieser sollte u. a. eine Schocktherapie durchführen, denn parallel zum Schmerz stellt sich in der Regel auch der Schockzustand ein. (Die Erste Hilfemaßnahmen sind dem Buch von O. F. Ehm, »Tauchen noch sicherer!«, entnommen.)

× **Steinfisch**

Synanceia verrucosa, BLOCH & SCHNEIDER 1801

Synonyme:	*Synanceichthys verrucosa,* BLOCH & SCHNEIDER 1801 *Scorpaena brachio,* LACEPEDE 1802 *Synanceia thersites,* SEALE *Synanceia horrida,* MEYER

Stonefish, Goblinfish, Poison Toadfish

Körperform:	gedrungen, plump; Hautoberfläche bewachsen, Augen obenliegend, Maul oberständig
Größe:	bis 35 Zentimeter
Farbkleid:	sandfarben, jeweils dem Untergrund angepaßt
Verbreitung:	Indo-Pazifik, Rotes Meer

TG 35;

Plattköpfe/*Platycephalidae*

Ordnung: Panzerwangen/*Scorpaeniformes*
Unterordnung: Echte Panzerwangen/*Scorpaenoidei*

Das Aussehen der Plattköpfe läßt schon fast auf ihre Verwandtschaft zu den Skorpionfischen schließen. Sie unterscheiden sich allerdings deutlich in der Größe, denn die Plattköpfe erreichen eine Länge von ca. einem Meter. Ihr mit kleinen Schuppen besetzter Körper ist langgestreckt und hat, wie der Name es vermuten läßt, einen stark abgeflachten Kopf und zwei Rückenflossen.

Plattköpfe sind typische Bodenbewohner. Sie graben sich in den Boden ein, so daß sie nur noch mit den recht kleinen Augen herausschauen. Ihre Tarnung wirkt durch die sandfarbene, gesprenkelte Musterung besonders gut. Diese Farbgebung entstand im Laufe der Evolution in Anpassung an das Leben auf den deckungsarmen Sandflächen des Meeresbodens. Die Bauchseite der Plattköpfe ist cremeweiß.

In ihren Verstecken verweilend, warten die Überraschungsjäger auf vorbeischwimmende Beute, die vorwiegend aus kleinen Fischen besteht. Es stehen aber auch Würmer, Weichtiere und Krebse auf dem Speiseplan.

Kaum zu vermuten ist, daß die Plattköpfe ausgezeichnet schmecken. Ihr Fleisch ist in vielen Ländern eine besondere Delikatesse. Man fängt sie im Indo-Pazifik, im tropischen Ostatlantik und gelegentlich auch im Roten Meer.

Plattköpfe tarnen sogar die Augenlinsen durch eine unregelmäßige Form

Das durchschnittliche Gewicht dieser Fische beträgt sieben Kilogramm. Eine vor der australischen Küste vorkommende Art, *Platycephalus fuscus,* kann sogar bis fünfzehn Kilogramm schwer werden.

x **Alligatorfisch/Krokodilfisch**

Cociella crocodila, THILESIUS

Synonyme: *Thysanophrys crocodilus*, THILESIUS
Platycephalus crocodilus, THILESIUS
Platycephalus punctatus, CUVIER & VALENCIENNES
Platycephalus malabaricus, CUVIER & VALENCIENNES

Spotted Flathead

Körperform: flach, länglich
Größe: bis ca. 1 Meter
Farbkleid: sandfarben mit dunklen Flecken
Verbreitung: Indischer Ozean, Rotes Meer

TG 35;

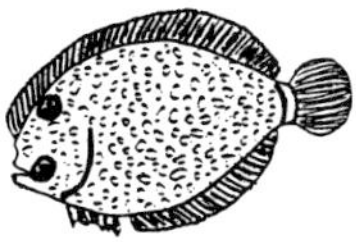

Plattfische/ *Bothidae*

Ordnung: Plattfische/ *Pleuronectiformes*
Unterordnung: Buttenartige/ *Bothioidei*

Die Plattfische sind typische Bodenbewohner der tropischen und subtropischen Meere. Einige Arten kommen auch in kühleren und tieferen Regionen vor (Steinbutt, *Scophthalmus maximus*).

Sie graben sich in den deckungsarmen Sandflächen ein und lugen nur mit den Augen hervor, die sie unabhängig voneinander bewegen können. Darum entdeckt der Taucher Plattfische nur selten, es sei denn er scheucht sie versehentlich auf. Unter den Wirbeltieren besitzen die Plattfische als einzige eine unsymmetrische Körperform. Ihre Augen liegen meist auf der linken Seite, die als Kopf- oder Augenseite bezeichnet wird. Diese ist auf dunklem Grund hell gesprenkelt, während die Bauchseite einen cremefarbenen Ton hat. Die flache rundliche Körperform kann einen Durchmesser von mehr als einem Meter erreichen. Obwohl den Plattfischen die Schwimmblase fehlt, sind sie recht gute Schwimmer und bewegen sich mit schlängelndem Auf- und Abwärtswippen des Körpers fort. Dabei halten sie stets ihre Seitenlage ein (*Pleuronectiformes* = »Seitenschwimmer«). Interessant ist die Entwicklung der Plattfische mit ihren unterschiedlichen Stadien: Die Eier werden ins Freiwasser gelegt und schweben dort je nach Salzgehalt des Meeres in unterschiedlichen Zonen. Die Larven der Plattfische gleichen noch »normalen« Fischen: bei ihnen befinden sich die Augen auf beiden Körperseiten. Erst langsam wandert ein Auge auf die ge-

genüberliegende Seite. Ob nach rechts oder links ist durch die Erbmasse bedingt. In dieser Phase gehen die bis dahin pelagisch lebenden Plattfische zum Leben auf dem Boden über und legen sich auf die Seite. Dann erst bilden sie ihre endgültige Körperfärbung aus. Im Larvenstadium sind sie noch silbrig durchsichtig. Die Plattfische ernähren sich von kleinen Krebsen, Fischen und Weichtieren.

Pfauenaugenbutt

Bothus lunatus, LINNAEUS

Synonyme: –

Peacock Flounder

Körperform:	flach, rund bis oval; Augen oben liegend
Größe:	bis 45 Zentimeter
Farbkleid:	sandfarben mit kleinen blauen Ringen über Rücken und Flossen, Bauchseite weiß
Verbreitung:	westlicher Atlantik

Saugfische/*Echeneidae*

Ordnung: Barschartige/*Perciformes*
Unterordnung: Barschfische/*Percoidei*

Wie der Name schon sagt, haben die Saugfische die Angewohnheit, sich an einem Wirt festzusaugen. Dabei ist es egal, ob es sich hierbei um einen Rochen, Hai, Wal, eine Schildkröte oder um ein Schiff handelt. Letzteres hat ihnen die populäre Bezeichnung »Schiffshalter« eingebracht.

Der Schiffshalter hält sich mit seiner Rückenflosse fest, die die Form eines Ovals hat und zu einer Saugscheibe umgebildet ist. Diese Saugscheibe weist bis zu 28 Lamellen auf, die fischgrätenähnlich angeordnet sind, und, wenn sie aufgestellt werden, einen Unterdruck erzeugen. Oft hat sich der Schiffshalter derart an seinem Wirt festgesogen, daß man den Wirt am Schiffshalter hochheben kann.

Unrühmlich ist anzumerken, daß einheimische Fischer von Tansania sich diesen Fisch zum Schildkrötenfang halten.

Der Schiffshalter lebt in allen tropischen Gewässern und schwimmt bei der Suche nach einem neuen Wirt häufig auch frei umher. Begegnet er einem Taucher, so kann es passieren, daß er versucht, sich an diesem festzusaugen. Man löst ihn ab, indem der Körper des Schiffshalters nach vorne weggeschoben wird.

Schiffshalter ernähren sich unter anderem von Futterresten, die der Wirt übrigläßt. Als Gegenleistung halten sie den Körper des Wirtes von Parasiten frei. Diese Parasiten bilden ihre Hauptnahrung. Hin und wieder gehen die

Schiffshalter aber auch selbst auf Jagd nach kleinen Fischen und freischwimmenden Krebsen. Schiffshalter können eine Größe bis zu einem Meter erreichen.

Schiffshalter

Echeneis naucrates, LINNAEUS 1758

Synonyme:	*Echeneis albacauda,* MITCHELL 1818 *Echeneis lunata,* BANCROFT 1831 *Echeneis vittata,* RÜPPELL 1835 *Echeneis fusca,* GRONOW 1854 *Echeneis pacifica,* DUMERIL 1858 *Echeneis coronata,* GUICHENOT 1858

Suckerfish, Indian Remora, Whitefin Sharksucker

Körperform:	schlank; hochgestellte Brustflossen, Kopf auf der Oberseite stark abgeplattet (Saugscheibe), darauf fischgrätenartig angeordnete Lamellen, spitzer Kopf
Größe:	bis 1 Meter
Farbkleid:	weiß, ein breiter, schwarzer Längsstreifen vom Maul bis zur Schwanzflossenspitze, Schwanzflosse schwarz, mit weißen Spitzen
Verbreitung:	alle tropischen Meere

Bei diesem Porträt eines Schiffshalters ist deutlich die »Saugscheibe« mit den fischgrätenähnlichen Lamellen zu erkennen

Drückerfische/ *Balistidae*

Ordnung: Haftkiefrige/ *Tetraodontiformes*
Unterordnung: Drückerfischartige/ *Balistoidei*

Die Körperform aller Drückerfische ist hochgebaut und seitlich zusammengedrückt. Die rauhe Haut besteht aus kleinen, beweglichen Knochenschuppen, die vielfach mit spitzen Erhebungen, oder Stacheln versehen sind. Drükkerfische haben einen relativ großen Kopf, der noch dadurch betont wird, daß die Augen recht hoch angesetzt sind. Diese Augen sind etwas Besonderes: sie lassen sich, ähnlich wie bei einem Chamäleon unabhängig von einander bewegen. Während mit einem Auge die Umgebung beobachtet wird, hält das andere Auge Ausschau nach einem geeigneten Versteck.

Das recht kleine, endständige Maul weist kurze, kräftige Kiefer auf. Jeweils am Oberkiefer und am Unterkiefer haben Drückerfische acht, dicht beieinanderstehende Zähne. Zusätzlich haben sie im Oberkiefer noch eine Reihe mit sechs weiteren Zähnen. Diese sind mit der oberen ersten Zahnreihe verwachsen.

Drückerfischen fehlt die Bauchflosse. Statt dessen haben sie an der Bauchseite einen Stachel, der mit der Hautfalte verbunden ist, und sich nach vorne klappen läßt. Die Hautfalte sieht dann ähnlich aus wie ein Segel und läßt den ganzen Fisch erheblich größer erscheinen als er in Wirklichkeit ist. Wenn der Drückerfisch zusätzlich seinen ersten Rückenflossenstachel aufstellt, ist er eine imposante Erscheinung, die manchen Konkurrenten in die Flucht schlägt.

Am wirkungsvollsten erscheint dieser Anblick von der

Seite. Wirkt sein Bluff nicht, geht der Drückerfisch leicht zum Angriff über. Seine Attacken unterstreicht er durch deutlich vernehmbares Knurren.

Sollte der Drückerfisch sich geschlagen geben, so versteckt er sich gerne in möglichst engen Spalten im Riff. Hier verkeilt er sich, indem er seine Bauch- und Rückenstacheln abspreizt. Diese Stacheln haben dem Tier auch seinen Namen gegeben. Sie liegen im Normalzustand zurückgeklappt in einer Hautfalte. Bei Gefahr jedoch richten sie sich auf und erinnern somit an den Abzug einer Feuerwaffe (Drücker).

Aber nicht nur bei Gefahr werden diese Stacheln benötigt. Beim Schlafen in Riffspalten werden sie ebenfalls aufgestellt. Sie verhindern dann, daß der Fisch von der Strömung abgetrieben wird. Dies ist eine wichtige Hilfe, zumal Drückerfische typische Riffbewohner sind und an der Außenseite des Korallenriffes leben, an der gewöhnlich auch Strömung herrscht.

Die Lebensweise dieser Familie kann als einzelgängerisch bezeichnet werden. Lediglich in der Jugendform bilden Exemplare dieser Familie lose Schulverbände.

Wie der Taucher oft beobachten kann, stehen Drükkerfische häufig auf dem Kopf und »pusten« Trichter in den Meeresboden: Hier ist ein Fisch bei der Nahrungssuche. Drückerfische ernähren sich in erster Linie von Schalentieren, z.B. Garnelen, Krabben, Weichtieren oder Krebsen, die sich im Meeresboden versteckt halten. Bei der Nahrungssuche bläst der Drückerfisch dann einen kräftigen Wasserstrahl in den Boden und spült die dort lebenden Organismen frei. So hinterläßt der Drückerfisch überall, wo er nach Nahrung gesucht hat, ein regelrechtes Trichterfeld.

Übrigens Vorsicht: Drückerfische lassen sich nur ungern bei der Nahrungssuche stören! Oft ist die Reizschwelle sehr tief angesetzt und der Fisch fühlt sich bedroht. Es kann dann zu Scheinangriffen kommen. Auch

Annäherungen an den Laichplatz von Drückerfischen sind nicht zu empfehlen. Sie werden von dem wachsamen Weibchen mit druckvollen Verteidigungsversuchen quittiert. Wenn nötig eilt sogar das Männchen zur Unterstützung herbei. Beide scheuen sich nicht davor, auch Taucher zu attackieren, was bereits häufiger beobachtet wurde.

Blaustreifen-Drückerfisch/Tüpfeldrückerfisch

Pseudobalistes fuscus, BLOCH & SCHNEIDER 1801

Synonyme:	*Balistes fuscus*, BLOCH & SCHNEIDER 1801 *Balistes caerulescens*, RÜPPELL 1828 *Balistes rivulatus*, RÜPPELL 1835 *Balistes chrysospilos*, BLEEKER 1853 *Balistes reticulatus*, HOLLARD 1854 *Xanthichthys fuscus*, FOWLER 1949

Rippled Triggerfish, Yellow-spotted Triggerfish

Körperform:	oval; spitz zulaufendes Maul, Rücken- und Afterflosse segelartig ausgeprägt
Größe:	bis 55 Zentimeter
Farbkleid:	blaugrün mit gelben Linien gemasert, im hinteren Körperbereich gelbe Punkte, Flossen ebenfalls gelb gepunktet
Verbreitung:	Rotes Meer
Besonderheit:	Die Abbildung rechts unten zeigt die Variante des Blaustreifen-Drückerfisches aus dem Roten Meer. Die Abbildung rechts oben zeigt einen »gewöhnlichen« Blaustreifen-Drückerfisch aus dem Indo-Pazifik.

Gestreifter Drückerfisch/ Grüner Drückerfisch

Balistapus undulatus, MUNGO PARK 1797

Synonyme: *Balistes undulatus*, MUNGO PARK 1797
Balistes lineatus,
BLOCH & SCHNEIDER 1801
Balistes lamourouxii,
QUOI & GAIMARD 1824

Undulate Triggerfish, Red-lined Triggerfish

Körperform: gedrungen, hoch gebaut; Kopf spitz, Rücken- und Analflosse weit hinten, Augen auffallend weit oben angesetzt
Größe: bis 30 Zentimeter
Farbkleid: grün, orangefarbene Streifen, Schwanzflosse orange, Maulpartie blau-orange gestreift, Brustflossen gelb
Verbreitung: Indo-Pazifik, Rotes Meer

Drückerfisch

Balistoides viridescens, BLOCH & SCHNEIDER 1801

Synonyme: *Balistes viridescens*, BLOCH & SCHNEIDER 1801
Balistes aculeatus major, FORSKÅL 1775

Titan Triggerfish, Leatherjacket

Körperform: oval mit spitz zulaufendem Kopf
Größe: bis ca. 75 Zentimeter
Farbkleid: gelbbraun mit dunkel geränderten Flossensäumen, Schwanzstiel hell, breiter dunkler Streifen über der Augenpartie, Brust hell, Maul dunkel abgesetzt
Verbreitung: westlicher Indo-Pazifik, Rotes Meer

Rotzahn-Drückerfisch

Odonus niger, RÜPPELL 1835

Synonyme:	*Xenodon niger,* RÜPPELL 1835 *Balistes erythrodon,* GÜNTHER 1870 *Zenodon caeruleorum,* FOWLER 1904

Redtooth Triggerfish, Redfang

Körperform:	oval, nach hinten spitz zulaufend; weit hinten angesetzte Rückenflosse, die segelartig aufgestellt werden kann, Analflosse wie Rückenflosse, Schwanzflossenspitzen stark verlängert, aufstellbarer Dorn auf dem Rücken
Größe:	bis 50 Zentimeter
Farbkleid:	schwarz-blau, Schwanzflosse hellblau gesäumt, Kopf hellgrün oder hellblau gemasert
Verbreitung:	Indo-Pazifik, Rotes Meer

Schwarzer Drückerfisch

Melichthys indicus, RANDALL und KLAUSEWITZ 1973

Synonyme:	–

Blackfinned Triggerfish, Indian Triggerfish

Körperform:	oval; Rücken- und Analflosse segelartig ausgebildet
Größe:	bis 25 Zentimeter
Farbkleid:	blauschwarz, Rücken- und Analflossen schwarz, an der Basis weiß gesäumt, sternförmig vom Auge ausgehende hellblaue Streifen, Schwanzflosse schwarz-weiß gesäumt
Verbreitung:	Indo-Pazifik

Leoparden-Drückerfisch

Balistoides conspicillum, BLOCH & SCHNEIDER 1801

Synonyme: *Balistes niger,* BONNATERRA 1788
Balistes conspicillum, BLOCH & SCHNEIDER 1801

Clown Triggerfish, Spotted Triggerfish

Körperform: oval, rundlich
Größe: bis 50 Zentimeter
Farbkleid: obere Körperhälfte schwarz mit gelber Maserung, untere Körperhälfte mit großen, runden, weißen Flecken versehen, Maul gelb, gelber Querstreifen über der Nase, Schwanzflosse mit großem gelben Fleck
Verbreitung: westlicher Indo-Pazifik

Blaubrust-Drückerfisch

Sufflamen chrysopterus, BLOCH & SCHNEIDER 1801

Synonyme: *Balistes chrysopterus,* BLOCH & SCHNEIDER 1801
Hemibalistes chrysoptera, BLOCH & SCHNEIDER 1801

Halfmoon Triggerfish, Black Triggerfish

Körperform: oval; Kopf spitz zulaufend, Rückenflosse weit hinten angesetzt und gleich der Analflosse transparent, Augen hoch angesetzt
Größe: bis 30 Zentimeter
Farbkleid: braun; weiße Linie vom Auge zum Bauchflossenansatz, der Schwanz ist von einem breiten, weißen Band gesäumt
Verbreitung: Indo-Pazifik

Weißlinien-Drückerfisch

Sufflamen bursa, SCHNEIDER

Synonyme: *Balistes bursa*, LACÉPÉDE
Hemibalistes bursa, BLOCH & SCHNEIDER

Boomerang Triggerfish, Drab Triggerfish

Körperform: oval; Kopf spitz zulaufend, Rückenflosse weit hinten, Augen hoch angesetzt
Größe: bis 25 Zentimeter
Farbkleid: hellblau bis silbern, Rückenpartie gelb, gelbe Linie vom Auge bis zur Brustflosse, und von dort zur Rückenflosse, helle Linie vom Maul zum Ansatz der Analflosse
Verbreitung: Indo-Pazifik

Königin-Drückerfisch

Balistes vetula, LINNAEUS 1854

Synonyme: *Balistes equestris*, GRONOW, 1854
Balistes bellus, WALBAUM, 1792

Queen Triggerfish

Körperform: oval, nach hinten spitz zulaufend; weit hinten angesetzte Rückenflosse, die aufgestellt werden kann, Rückenflosse und Schwanzflossenspitzen wimpelförmig ausgebildet
Größe: bis ca. 50 Zentimeter
Farbkleid: Grundfärbung blau bis grünlich, dunkle Linien, die sternförmig vom Auge weg verlaufen; zwei hellblaue Streifen von der Nase bis zum Brustflossenansatz; Bauchseite farblich abgesetzt, Schwanzstiel mit hellblauen Ring, Schwanzflossensaum hellblau
Verbreitung: Westlicher Atlantik (Karibik)

Einstachler/*Aluteridae*

Ordnung: Kugelfischartige/*Tetraodontiformes*
Unterordnung: Drückerfischartige/*Balistoidei*

Die Einstachler sind an allen Riffen der tropischen Meere vertreten. Ihre Familie gliedert sich in elf Gattungen mit ca. 40 Arten. In der Literatur werden die Einstachler teilweise heute noch als Feilenfische/Monacanthide und somit als eigene Familie betrachtet. Zu erkennen ist dies leicht am Gattungsnamen *Oxymonacanthus Longirostris.* Einige Wissenschaftler ordnen sie auch den Drückerfischen als Unterfamilie zu, mit denen sie tatsächlich eng verwandt sind.

Sie unterscheiden sich jedoch durch ihre Stachelschuppen von den Drückerfischen. Das mit winzigen Stacheln besetzte Schuppenkleid fühlt sich recht rauh an und wird von einheimischen Fischern vielfach als Schmirgelpapier verwendet. Deshalb nennt man die Einstachler auch Feilenfische.

Die Einstachler besitzen wie die Drückerfische einen großen Rückenflossenstachel, den sie aufrichten können. Damit klemmen sie sich bei Gefahr in Riffspalten fest. Nachts suchen sie Verstecke im Riff und sichern sich dort mit aufgestelltem Stachel, so daß sie während des Schlafes nicht von der Strömung erfaßt werden und abtreiben.

Auch in ihren Schwimmbewegungen gleichen die Einstachler den Drückerfischen. Sie bewegen sich mit schlängelnden Bewegungen der zweiten Rückenflosse und der Afterflosse fort. Der Schwanz wird als Steuer benutzt. Die Bauchflosse hat sich zu einem Hautlappen zurückgebildet und wird bei Erregung aufgestellt. Die Größe der Einstachler liegt zwischen zehn und 60 Zentimeter.

Sie leben meist solitär und halten sich gerne kopfabwärts stehend zwischen Pflanzen auf. Hier können sie sich gut tarnen: sie sind sogar in der Lage, sich farblich anzupassen. Die Nahrung dieser Fische ist sehr vielfältig. Einige Arten leben vegetarisch, andere suchen den Boden nach kleinen Tierchen und Krebsartigen ab oder knabbern an Korallenpolypen. Die Nahrungsaufnahme nimmt bei den Einstachlern sehr viel Zeit in Anspruch. Von uns wurde ein Feilenfisch/*Aluterus scriptus* über einen Zeitraum von ca. einer halben Stunde bei der Nahrungsaufnahme beobachtet. Die Nahrung war in diesem Falle ein etwa faustgroßes Stück Fisch. Der Feilenfisch zupfte behutsam daran, schwamm um das Stückchen Fleisch herum, kam zurück, fraß wieder ein wenig und ließ sich schließlich von anderen Interresenten ganz vom Fressen abbringen. Es ist daher dringend anzuraten, sich diesen Fischen bei der Nahrungsaufnahme auf gar keinen Fall zu nähern. Sie suchen bei der geringsten Störung sofort ein Versteck, um sich dort zu verbergen. Anders als die nahe mit ihnen verwandten Drückerfische haben die Einstachler, also eine sehr große Fluchtdistanz.

Eine amüsante Besonderheit sei abschließend noch angefügt: Während der Balz macht das Männchen einen Kopfstand vor dem Weibchen und zeigt ihr die dann kräftiger leuchtenden, ausgebreiteten Bauchlappen ...

Orangeflecken-Feilenfisch

Oxymonacanthus longirostris, BLOCH & SCHNEIDER 1801

Synonyme: *Balistes hispidus,* BLOCH & SCHNEIDER 1801
Monacanthus longirostris, CUVIER 1817
Monacanthus chrysospilus, BLEEKER 1853

Beaked Leatherjacket, Harlekin Filefish

Körperform: spindelförmig; langer, spitzer Kopf, Dorn am Stirnansatz, breite Schwanzflosse
Größe: bis 7 Zentimeter
Farbkleid: grün, orangefarbene Punkte am Körper und Streifen am Kopf, Dorn orange, Bauchflosse schwarz mit weißen Punkten sowie roten Längsstreifen
Verbreitung: Indo-Pazifik, Rotes Meer

Weißflecken-Feilenfisch

Cantherinus macrocerus, HOLLARD 1854

Synonyme: *Monacanthus macrocerus,* HOLLARD 1854
Monacanthus stratus, POEY 1860
Monacanthus parraianus, POEY 1863
Cantherinus amphioxys, BEEBE & TEE-VAN 1933

White-spotted Filefish

Körperform: Hochgebaut, Kopf spitz zulaufend, Schwanzflosse lang gezogen mit Schwanzstiel; Augen hoch angesetzt
Größe: bis 45 Zentimeter
Farbkleid: orange bis gelbe Grundfärbung, Kopf und Rücken blaugrau mit weißen Tupfen.
Verbreitung: Westlicher Atlantik (Karibik), auch vor den Bermudas und vor Kuba

Feilenfisch

Aluterus scriptus, OSBECK 1757

Synonyme:	*Balistes laevis,* BLOCH 1795 *Balistes scriptus,* OSBECK 1757 *Aluteres scriptus,* FORSTER *Osbeckia scripta,* OSBECK

Long-tailed Filefish, Scrawled Filefish, Scribbled Filefish

Körperform:	schlank, seitlich flach; spitzer Kopf, lange Schwanzflossen, hinten angesetzte Rükken- und Analflossen
Größe:	bis 1 Meter
Farbkleid:	beige-blau mit schwarzen Punkten und hellblauer Maserung
Verbreitung:	alle tropischen Gewässer

Kofferfische / *Ostraciontidae*

Ordnung: Kugelfischartige / *Tetraodontiformes*
Unterordnung: Drückerfischartige / *Balistoidei*

Die Familie der Kofferfische gliedert sich in zwei Unterfamilien *(Ostraciinae* und *Aracaninae)* mit dreizehn Gattungen und etwa 30 Arten.

Die Körperform der Kofferfische gleicht einem kleinen Koffer, obwohl einige Arten recht bizarr und dreieckig aussehen. Die Körperoberfläche der Kofferfische besteht aus kleinen, sechseckigen Knochenplatten, die dicht an dicht gereiht, einen Panzer bilden. Dieser Panzer ist die Schutzhülle für Kopf und Körper. Aus dem Panzer ragen nur die Flossen und der Schwanz, sowie der Mund und die Augen heraus.

Ihre lateinischer Name – *Ostraciontidae* – beruht auf der Tatsache, daß sie im Moment höchster Gefahr ein Gift ausscheiden können, das auf gegnerische Fische tödlich wirkt. Dieses Gift heißt Ostracitoxin.

Die Schwimmbewegungen gleichen denen der Kugelfische. Kofferfische sind trotz ihrer plumpen Form erstaunlich wendig und können mit Hilfe ihrer Schwanzflosse nicht nur gut manövrieren, sondern auch amüsant zu beobachtende Rückwärtsbewegungen vollführen. Die dabei propellerartig wirbelnden Brustflossen erinnern an den Flügelschlag der Kolibris. Die Augen der Kofferfische lassen sich unabhängig voneinander bewegen, eine Fähigkeit, die auch die Drückerfische besitzen.

Das Gebiß der Kofferfische besteht aus zusammengewachsenen Zahnreihen und besitzt etwa die Kraft einer Kneifzange. Für die bevorzugte, kleine Beute, die sie zumeist in Bodennähe suchen – Krebschen, Krabben, und Weichtiere – sind sie perfekt ausgestattet. Sie halten sich mit Vorliebe im tropischen Korallenriff auf. Hier leben sie solitär und verstecken sich gern in kleinen Felsspalten und Höhlen. Große Tiefen werden von Kofferfischen nicht gerne aufgesucht.

Schwarzer Kofferfisch

Ostracion meleagris, SHAW 1796

Synonyme:	*Ostracion lentiginosum,* BLOCH & SCHNEIDER 1801 *Ostracion punctatus,* BLOCH & SCHNEIDER 1801 *Ostracion sebae,* BLEEKER 1851 *Ostracion bombifrons,* HOLLARD 1857

Spotted Boxfish, Spottes Trunkfish

Körperform:	kastenförmig; Augen seitlich hoch angesetzt, spitzer Kopf, langer Schwanzstiel
Größe:	bis 14 Zentimeter
Farbkleid:	weiß gepunktet auf schwarzem Grund
Verbreitung:	Indo-Pazifik
Sonstiges:	Die Abbildung rechts oben zeigt ein weibliches Exemplar; die Abbildung rechts unten zeigt ein Männchen.

TG 35.

Gelber Kofferfisch

Ostracion cubicus, LINNAEUS 1758

Synonyme:	*Ostracion tetragonus*, LINNAEUS 1754 *Ostracion tuberculatus*, LINNAEUS 1758 *Ostracion argus*, RÜPPELL 1828 *Ostracion tesserula*, BLEEKER 1852 *Ostracion auricauda*, SEALE 1906 *Ostracion chryseres*, SEALE 1906

Yellow Boxfish, Polka Dot Boxfish

Körperform:	kastenförmig; breite Schwanzflosse, Rükkenflosse weit hinten, stark abfallende Stirn, Augen seitlich hoch am Kopf angesetzt
Größe:	bis 45 Zentimeter
Farbkleid:	Grundfarbe gelb, mit zahlreichen Punkten oder Kreisen, Farbvarianten sind nicht selten
Verbreitung:	Westlicher Indo-Pazifik, Rotes Meer

Karibischer Kuhfisch

Acanthostracion quadricornis, LINNAEUS

Synonyme:	*Ostracion tricornis*, LINNAEUS *Lactophrys tricornis*, LINNAEUS

Carribean Cowfish

Körperform:	rechteckig; spitzer Kopf, langer Schwanzstiel, zwei »Hörner« auf der Stirn, Augen hoch angesetzt
Größe:	bis 48 Zentimeter
Farbkleid:	grün-gelb, dunkle Kästchen oder Pentagramme auf dem Körper, Bauchseite hell
Verbreitung:	westlicher Atlantik

Igelfische/ *Diodontidae*

Ordnung: Haftkiefrige/ *Tetraodontiformes*
Unterordnung: Kugelfischartige/ *Tetraodontoidei*

Der Igelfisch macht seinem Namen alle Ehre. Er besitzt die Möglichkeit sich im Zustand großer Erregung wie ein stacheliger Ballon aufzublähen. Er pumpt sich einfach mit Wasser voll, so daß sich die normalerweise eng am Körper anliegenden Stacheln aufrichten. Dies bewirkt dreierlei: erstens wirkt er dadurch größer und imposanter, zweitens ist er als Stachelkugel ungenießbar für Räuber und drittens kann er sich so in Felsspalten festklemmen.

Ein weiteres wesentliches Merkmal des Igelfisches ist sein stark ausgeprägtes Gebiß. Die Zähne sind zu zwei kräftigen Zahn»leisten« zusammengewachsen. Das befähigt den Igelfisch auch harte Muschelschalen zu knacken. Außerdem ist er dadurch in der Lage Seeigel, die ebenfalls zu seinen bevorzugten Nahrungsmitteln zählen, aufzubrechen und zu verzehren. Um seine Beute aufzuspüren, wirbelt er den Meeresboden mit Hilfe eines Wasserstrahls auf.

Was jedem, der einen Igelfisch zum ersten Mal sieht, besonders auffällt, sind die großen Augen. Diese und der recht kleine Kopf sind typisch für Igelfische. Auch der plumpe Schwimmstil ist ein Charakteristikum dieser Art.

In allen tropischen Meeren finden wir diese auffälligen Tiere versteckt irgendwo im Korallenriff in kleineren Höhlen und Spalten. Nicht selten begegnet man ihnen außerdem auf Flohmärkten oder in Souvenirshops, wo sie ausgetrocknet und aufgebläht als Lampenschirme an Touristen verkauft werden.

Brauner Igelfisch

Diodon holacanthus, LINNAEUS 1758

Synonyme: *Erizo guanabana*, PARRA 1787
Diodon liturosus, SHAW 1804
Diodon spinosissimus, CUVIER 1818
Diodon novemmaculatus, CUVIER 1818
Diodon sexmaculatus, CUVIER 1818
Diodon quadrimaculatus, CUVIER 1818
Diodon melanopus, KAUP 1855

Long-spined Porcupinefish, Balloon Porcupinefish

Körperform: rund, nach hinten spitz zulaufend; hinten angesetzte Rücken- und Afterflosse
Größe: bis 50 Zentimeter
Farbkleid: cremefarben mit dunklen Flecken
Verbreitung: alle tropischen Gewässer

TG 35,

Gemeiner Igelfisch/ Gepunkteter Igelfisch

Diodon hystrix, LINNAEUS 1758

Synonyme:	*Diodon atinga*, BLOCH 1785 *Diodon brachiatus*, BLOCH & SCHNEIDER 1801 *Diodon punctatus*, CUVIER 1818

Spotted Porcupinefish

Körperform:	gestreckt rundlich, nach hinten spitz zulaufend; große Augen, kräftig entwickelte Brustflossen, spitzes Maul mit kräftigen Zähnen, Körper mit Stacheln übersät
Größe:	bis 60 Zentimeter
Farbkleid:	grau-braun, dunkle Punkte, Bauchseite weiß
Verbreitung:	alle tropischen Gewässer

Spitzkopfkugelfische/ *Canthigasteridae*

Ordnung: Haftkiefrige/ *Tetraodontiformes*
Unterordnung: Kugelfischartige/ *Tetraodontoidei*

Die einzeln oder paarweise lebenden Spitzkopfkugelfische sind an den Riffen der tropischen Meere anzutreffen. Ihre Familie umfaßt 23 Arten, die alle der Gattung *Canthigaster* angehören. Sie bevorzugen das Flachwasser und halten sich stets in der Nähe von Korallen auf. Nur vereinzelt tauchen sie in Seegraswiesen unter.

Spitzkopfkugelfische ernähren sich von allerlei Vegetarischem, sowie kleinen niederen Tieren. Gleich den Kugelfischen können sie sich bei Gefahr mit Wasser vollpumpen. Dieses Verhalten zeigen die Männchen auch bei Revierkämpfen, um Rivalen abzuschrecken.

Die Spitzkopfkugelfische verbindet eine enge Verwandtschaft zu den echten Kugelfischen *(Tetraodontidae).* Auffällige Unterscheidungsmerkmale sind jedoch: Erstens die Größe (nur sechs bis 20 Zentimeter), zweitens ein etwas schlankerer Körperbau und drittens ihr spitz zulaufendes Maul.

Weiterhin besitzen die Spitzkopfkugelfische keine Seitenlinie, kleinere Nasen- und Kiemenöffnungen, sowie einen Rückenkamm. Diese Unterschiede kann der Taucher jedoch auf den ersten Blick kaum erkennen.

Ähnlich wie bei den Kugelfischen sind ihre Zähne zu Zahnleisten verwachsen.

Pfauenaugen-Kugelfisch

Canthigaster margaritatus, RÜPPELL 1828

Synonyme: *Tetraodon margaritatus*, RÜPPELL 1828
Tetraodon solandri, RICHARDSON 1844

Pearl Toby, Ocellated Puffer

Körperform: gedrungen, leicht ballonförmig; Augen hoch angesetzt
Größe: bis 15 Zentimeter
Farbkleid: mittelbraun, hellblaue Längsstreifen auf dem Rücken, helle Punkte auf der Körperunterseite, Augen orange umrandet, Maul orange, dunkler, hellblau umrandeter Augenfleck an der Rückenflossenbasis
Verbreitung: Indo-Pazifik, Rotes Meer

Sattelfleck Kugelfisch

Canthigaster valentini, BLEEKER 1853

Synonyme: *Tetraodon gronovii*, CUVIER 1829
Holacanthus balistaeformis, GRONOVIUS 1854
Tetraodon valentini, BLEEKER 1853

Black-saddled Toby, Striped Purse Puffer

Körperform: rundlich, hoch gebaut; spitzer Kopf, Rükkenflosse weit hinten, Augen hoch angesetzt, Schwanz spitz zulaufend
Größe: bis 20 Zentimeter
Farbkleid: weiß, braune Punkte, drei schwarze Sattelflecken, Stirn schwarz, braune Querstreifen zwischen Augen und Maul, Schwanzflosse gelb, braun gesäumt
Verbreitung: Indo-Pazifik

Kugelfische/ *Tetraodontidae*

Ordnung: Haftkiefrige/ *Tetraodontiformes*
Unterordnung: Kugelfischartige/ *Tetraodontoidei*

Genau wie der Igelfisch, der auch zu den Kugelfischartigen zählt, können sich Kugelfische bei Gefahr mit Wasser vollpumpen. Ihre Haut ist schuppenlos und in der Regel glatt. Bei einigen Arten jedoch sind kleine Stacheln auf der Hautoberfläche verteilt, die sich aufrichten, wenn der Kugelfisch sich aufbläht.

Das Gebiß ist kräftig genug, um kleine Korallenästchen abzubeißen, die allerdings nur einigen Kugelfischen munden. Die meisten Arten bevorzugen kleine Krebse und Schnecken.

Kugelfische sind recht behende Schwimmer. Aufgrund ihrer geringen Körpergröße sind sie in der Lage, blitzschnell im Korallenriff zu verschwinden. Ihre Schwanzflosse benutzen sie dabei als »Steuerruder«. Die Rücken- und die Afterflosse dienen als Hauptantrieb.

Die Mitglieder dieser Familie leben solitär und werden nur selten paarweise angetroffen.

In Japan gelten Kugelfische als Delikatesse. Trotzdem ist dieser Fisch dort nur in einigen Spezialitätenrestaurants unter der Bezeichnung »Fugu« erhältlich, denn die Köche, die »Fugu« zubereiten, benötigen eine Extraausbildung. Der Grund dafür ist die Gallenblase des Kugelfisches, die ein hochgiftiges *Tetrodoxin*-Konzentrat enthält. Wird sie bei der Zubereitung des Fisches verletzt, so kann der Gast nach dem Fugu-Mahl sterben.

Großer Kugelfisch

Arothron stellatus, BLOCH & SCHNEIDER 1801

Synonyme: *Tetraodon stellatus*, BLOCH & SCHNEIDER 1801
Tetraodon calmara, RÜPPELL 1828
Tetrodon cinctus, RICHARDSON 1848
Tetrodon regani, GÜNTHER 1910

Starry Blowfish, Starry Toadfish, Starry Pufferfish, Toby

Körperform: lang, bauchig, nach hinten spitz zulaufend; ausgeprägtes Maul, Augen hoch angesetzt, keine Bauchflossen
Größe: bis 1 Meter
Farbkleid: gelbe bis braune Grundfärbung, dunkel gepunktet
Verbreitung: Indo-Pazifik, Rotes Meer

Maskenkugelfisch

Arothron diadematus, RÜPPELL

Synonyme: –

Black-spotted Blowfish, Blow Puffer, Masked Puffer

Körperform:	rundlich, ballonförmig; lange Schwanzflosse, spitzer Kopf
Größe:	bis 30 Zentimeter
Farbkleid:	beige, schwarzes Maul, schwarze Augenbinde (»Maske«), Rücken- und Bauchflossen dunkel
Verbreitung:	Indo-Pazifik, Rotes Meer

Streifen-Kugelfisch

Arothron mappa, LESSON

Synonyme: *Tetraodon mappa*, LESSON

Scribbled Toadfish

Körperform:	länglich ballonförmig, nach hinten spitz zulaufend
Größe:	bis 70 Zentimeter
Farbkleid:	mittelbraun bis cremefarben, mit dunklen Streifen gemasert, die Streifen gehen von den Augen sternförmig nach außen
Verbreitung:	Indo-Pazifik

Schwarzgefleckter Kugelfisch

Arothron nigropunctatus, BLOCH & SCHNEIDER 1801

Synonyme: *Tetraodon nigropunctatus*, BLOCH & SCHNEIDER 1801
Tetraodon trichoderma, BLEEKER 1853
Arothron melanorhynchus, BLEEKER 1855

Black-spotted Puffer, Black-spotted Blowfish, Black-spotted Toado

Körperform: gestreckt ballonförmig, nach hinten spitz zulaufend; spitzer Kopf
Größe: bis 40 Zentimeter
Farbkleid: cremefarben, schwarze Flecken,
Verbreitung: westlicher Indo-Pazifik
Sonstiges: Farbvarianten anderer Grundfärbung, so zum Beispiel blau oder gelb, sind nicht selten, aber trotzdem immer wieder verblüffend (siehe Abbildung rechts unten).

Danksagung

Wir möchten an dieser Stelle allen Tauchern danken, die in anregenden Gesprächen die Idee zu diesem Buch entstehen ließen. Mut, dieses Werk zu verwirklichen, machte uns allen voran, Prof. Dr. Irenäus Eibl-Eibelsfeldt, der uns 1988 auf den Malediven besuchte. Wir verdanken ihm unschätzbar wertvolle Erkenntnisse, die uns die Unterwasserwelt noch um ein Vielfaches interessanter erscheinen ließen. Stets hatte er ein offenes Ohr für unsere Fragen, stets nahm er sich Zeit, uns mit Detailinformationen weiterzuhelfen. Uns dafür erkenntlich zu zeigen, vermögen wir nur mit einem Wort: Danke!

Bei der Systematisierung und der Artenbestimmung gab uns Prof. Dr. Wolfgang Klausewitz wichtige Hilfestellungen, für die wir uns hier herzlich bedanken möchten.

Wir möchten auch Jan Ubben erwähnen, der uns in die Geheimnisse der Textverarbeitung einführte und selbst zu nächtlicher Stunde zur Stelle war, wenn uns der Computer einmal wieder vor unlösbare Probleme stellte, ebenso Fritz Kaa, der uns auf den Malediven zuverlässig mit der von uns gewünschten Literatur versorgte.

Ferner danken wir allen unseren Tauchpartnern, die geduldig wartend unsere Fotoarbeiten beobachteten – insbesondere Monika Listle und Joke Schmidt, unseren Lebensgefährtinnen. Sie teilten unter Wasser viele Mühen und Strapazen mit uns – oftmals auch unter schwierigen und abenteuerlichen Bedingungen. Und schließlich bedanken wir uns ganz besonders bei unseren Eltern, die oft lange Zeit nichts von uns hörten, wenn wir in abgelegenen Gebieten auf »Fotojagd« waren.

Aurich, August 1990

Wolfgang Ippen + Christian Mietz

Literaturverzeichnis

ALLEN, GERALD, Falter- und Kaiserfische, Band 2. Mergus-Verlag, Melle, 1979

Brehm's Neue Tierenzyklopädie Band 10: Fische. Prisma Verlag, Gütersloh, 1983

BURGESS, WARREN E., Atlas of Marine Aquarium Fishes. T. F. H. Publications Plaza, Neptune City, New Jersey. 1988

DEBELIUS, HELMUT, Unterwasserführer Rotes Meer: Fische. S. Nagelschmid, Stuttgart, 1987

DOZIR, THOMAS, Gefährliche Meeresbewohner. Christian Verlag, München, 1979

EHM, O. F., Tauchen – noch sicherer! A. Müller Verlag, Zürich 1987

EIBL-EIBESFELDT, IRENÄUS, Die Malediven. Piper, München, 1985

EIBL-EIBESFELDT, IRENÄUS/HASS, HANS, Wie Haie wirklich sind. Dtv, München, 1986

EIBL-EIBESFELDT, IRENÄUS, Freiwasserbeobachtungen zur Deutung des Schwarmverhaltens verschiedener Fische, in: Z. Tierpsychol. 19/62, S. 165–182

FRICKE, HANS W., Bericht aus dem Riff. Piper, München, 1976

FRICKE, HANS W., Täuschende Signalnachahmung bei jungen marinen Fischen, in: Umschau, 2/73, S. 52–53

GRAAF, FRANK DE, Tropische Zierfische im Meerwasseraquarium. Neumann-Neudamm, Melsungen, 1988

GRAAF, FRANK DE, Das tropische Meerwasseraquarium. Neumann-Neudamm, Melsungen, 1988

LORENZ, KONRAD, Der Kampf ums Dasein auf dem Korallenriff, in: Mitt. der Max Planck Gesellschaft 4/62, S. 195–206

MAYLAND, HANS J., Korallenfische und niedere Tiere. Landbuchverlag, Hannover, 1989

ROZENDAAL, RUUD, Leben unter Wasser. Parey, Hamburg, 1980

SCHMID, P./PASCHKE, D., Unterwasserführer Rotes Meer: Niedere Tiere. S. Nagelschmid, Stuttgart, 1987

SCHUHMACHER, HELMUT, Korallenriffe. BLV-Verlag, München, 1988
SHIRAI, SHOHEI, Ecological Encyclopedia of the Marine Animals of the Indo-Pacific. Shi Nippon, Tokyo, 1986
SMITH, J. L. B., The Sea Fishes of South Africa. Central News Agency, Cape Town, 1961
STEENE, ROGER C., Falter- und Kaiserfische, Band 1. Mergus-Verlag, Melle, 1977
WAHLERT, G., V., Beobachtungen an Fischschwärmen, in Veröff. Institut Meeresforschung Bremerhaven 8/63, S. 151–163
WHEELER, A., Das große Buch der Fische. Eugen Ulmer, Stuttgart, 1977

Register

Deutsch-Lateinisches Namensverzeichnis

Lateinisch-Deutsches Namensverzeichnis

Englisch-Deutsches Namensverzeichnis

Verzeichnis aller wissenschaftl. (lateinischen) Namen und Synonyme

Bildnachweis

Christian Mietz: Seiten 2, 35, 42, 47 o., 55, 57 o., 59 o. und u., 65 o. und u., 71 o., 73 o., 81, 82, 85 o., 87, 90, 93, 103 u., 105 o., 111, 113 u., 119 o. und u., 124, 127 o., 129, 131 o., 135 o. und u., 138, 141 o. und u., 143 o., 145 u., 146, 149 u., 150, 153 o. und u., 157, 161 u., 163 u., 165, 173, 174, 177 u., 179, 183 o. und u., 187 o., 189 o., 191 u., 195 o., 197, 199 u., 201 o. und u., 203 o., 205 u., 207 o. und u., 209 o. und u., 211 o., 213 o., 215 o. und u., 217 o., 219 o., 221 u., 225 u., 227 o., 231 o. und u., 233 o. und u., 235 o. und u., 237 u., 239 o., 241 u., 243 o. und u., 245 o. und u., 247 o. und u., 249 o. und u., 251 o. und u., 253 o. und u., 259 o., 261 o. und u., 264, 267 o. und u., 269 o. und u., 271, 273 o. und u., 275, 277, 279 o., 281 o. und u., 283 o. und u., 286, 291, 293 o. und u., 299 u., 301 o. und u., 302, 307 o. und u., 309 o. und u., 313 o., 315 u., 316, 317, 319 u., 321 o., 322, 325, 327, 337 o., 339 o., 341 o. und u., 343 u., 345 o., 349 o., 353 o. und u., 355 o., 357, 361 o. und u., 365 u., 367 o. und u..

Wolfgang Ippen: Seiten 20, 23, 25, 47 u., 57 u., 61 u., 71 u., 75 u., 79, 85 u., 101, 105 u., 109 o. und u., 115 u., 121 u., 155 o., 163 o., 171, 177 o., 180, 187 u., 193 o. und u., 211 u., 227 u., 229 u., 297 o., 315 o., 350, 355 u., 358, 363, 365 o..

Udo Kefrig: Seiten 51 o. und u., 53, 61 o., 69 o. und u., 73 u., 75 o., 95, 97, 98, 113 o., 115 o., 117 u., 121 o., 122, 127 u., 132, 145 o., 149 o., 155 u., 158, 161 o., 169 u., 191 o., 195 u., 203 u., 205 o., 213 u., 217 u., 219 u., 221 o., 225 o., 229 o., 255 o., 259 u., 279 u., 285, 289, 295 o. und u., 304, 319 o., 321 u., 328, 337, 343 o..

Robert Brylla: Seiten 16, 30, 45, 89, 131 u., 137 o. und u., 143 u., 237 o., 330, 333 o. und u., 339 u..

Kathrin Meggle: Seiten 117 o., 184, 189 u., 263 o..

Siebo Müller: Seiten 77, 167 o. und u., 199 o., 239 u., 255 u., 263 u., 297 u., 345 u., 349 u..

Wolfgang Fiedler: Seite 49 o..

Hellmut Kremer: Seite 49 u..

Johannes Hinterkircher: Seite 257 o. und u..

Jens Westermann: Seite 62.

Wir bedanken uns bei den Bildautoren Kathrin Meggle, Udo Kefrig, Robert Brylla, Wolfgang Fiedler, Hellmut Kremer, Jens Westermann, Johannes Hinterkircher und Siebo Müller für die Bildbeiträge zu diesem Buch.

Tauchen und Umwelt

In der zweiten und erweiterten Auflage dieses Buches ist es uns ein Bedürfnis, dem Schutz der Unterwasserwelt, besonders jener der tropischen Meere, ein Kapitel zu widmen. Mehr als 80 000 Taucher, alleine in Deutschland, gehen jährlich als Debütanten dieser faszinierenden und naturverbundenen Sportart nach, und diese Zahlen steigen ganz rasant. Auch melden die Fernreiseveranstalter stark wachsende Umsatzzahlen.

So sehen sich die Länder um den Tropengürtel verstärkt mit der Umstellung einer lang eingefahrenen Müllentsorgung konfrontiert. Der ehemals meist organische Abfall enthält jetzt zunehmend mehr künstliche Produkte, die auf natürlichem Wege nicht abgebaut werden können. Der Müll jedoch wandert nach wie vor direkt ins Meer und gefährdet dort die natürlich gewachsenen Lebensgemeinschaften.

Den effektivsten Beitrag zur Erhaltung der Naturschönheiten können wir sicherlich selbst vor Ort leisten, indem wir z. B. Plastikdosen und Batterien wieder mit nach Hause nehmen und dort entsorgen. Diese Artikel hatten schließlich auf dem Hinflug auch ihren Platz im Koffer! Weiterhin können wir darauf achten, ob die Getränke in den tropischen Ländern aus Dosen oder Flaschen stammen und den Konsum entsprechend auf Pfandflaschengetränke (oder Faßbier!) verlagern.

Auch halten wir das Angebot an Souvenirs in diesen Ländern vielfach für unverantwortlich, denn nur der Absatz bestimmt dort das weitere Abschlachten von Meeresschildkröten, das Leerfischen von Riffen für den Zierfischexport und das Absägen von Korallenstöcken zur Schmuckartikelherstellung. Das müssen wir uns nicht anhängen!

Dem Taucher kommt in der Thematik des Unterwasserschutzes eine besondere Bedeutung zu: Er ist direkt zu Gast in Neptun's Reich und kann die Kunde von den Schönheiten unter Wasser in Wort und Bild in alle Welt hinaustragen. Eine saubere Austarierung hilft der ungestörten Beobachtung und der Erhaltung langjährig gewachsener Korallengärten.

Wir wünschen uns in diesem Sinne, daß sich die Menschen, wie im Vorwort beschrieben, vom Unterwasserjäger (und -sammler!) zum Unterwasserheger hin wandeln mögen!